钢筋混凝土构造全生命周期环境影响评价

张静晓　曾赛星　蒲广宁　著

中国建筑工业出版社

图书在版编目(CIP)数据

钢筋混凝土构造全生命周期环境影响评价 / 张静晓，曾赛星，蒲广宁著. —北京：中国建筑工业出版社，2019.12

ISBN 978-7-112-24713-4

Ⅰ. ①钢… Ⅱ. ①张… ②曾… ③蒲… Ⅲ. ①钢筋混凝土结构－产品生命周期－环境影响－评价 Ⅳ. ①TU375②X820.3

中国版本图书馆 CIP 数据核字(2020)第 022472 号

全书主要围绕钢筋混凝土构造全生命周期环境影响评价进行研究，共六部分，主要内容包括总述、环境影响评价方法、民用建筑生命周期环境影响评价、交通基础设施生命周期环境影响评价、节能减排方案及政策建议、总结与展望几大核心内容。本书旨在为该领域研究者提供一种新型的环境影响评价模型，用于评价钢筋混凝土构造全生命周期各阶段（物化阶段、运营与维护阶段、拆除阶段）对环境的影响。找出钢筋混凝土构造全生命周期中对环境影响最大的因素，从而提出一套具有源头追溯的节能减排与环境保护方案。

责任编辑：李笑然　牛　松
责任校对：芦欣甜

钢筋混凝土构造全生命周期环境影响评价

张静晓　曾赛星　蒲广宁　著

*

中国建筑工业出版社出版、发行（北京海淀三里河路9号）

各地新华书店、建筑书店经销

北京红光制版公司制版

北京建筑工业印刷厂印刷

*

开本：787×960 毫米　1/16　印张：11¾　字数：236 千字

2020 年 10 月第一版　　2020 年 10 月第一次印刷

定价：38.00 元

ISBN 978-7-112-24713-4

(35088)

前　言

随着我国"十四五"节能减排工作的推进，环境保护工作被提到了一个新的高度。在此期间，能源需求刚性增长，节能减排形势严峻，资源环境问题仍是制约我国经济社会发展的瓶颈之一。为此，我国大力推进绿色发展，坚持走低碳绿色可持续发展之路，要求各地区、各部门下更大决心，采取更有效的政策措施，切实推进节能减排工作。建筑业作为国民经济发展的支柱性和基础性产业，是节能减排的重点领域。据统计，建筑活动使用了自然资源总量的 40%、能源总量的 40%，造成的建筑垃圾占人类活动产生垃圾总量的 40%，碳排放比例高达 36%。因此，降低建筑业碳排放成为亟待解决的问题。现代建筑主要以钢筋混凝土建筑为主，同时，绿色建筑已然成为建筑发展的趋势和必然。然而，由于真正基于市场环境的、相对深入的绿色节能建筑实践仍处于初级阶段，有针对性的节能减排研究还不充分，不利于从实践到理论再到实践的节能减排工作的开展。在此背景下，针对钢筋混凝土建筑的碳排放研究，提出有效的节能减排措施及相关政策建议，为相关工作开展提供借鉴指导，具有较大的实践意义。

本书是国内第一本采用 SimaPro 软件评价钢筋混凝土结构全生命周期环境影响的书籍，并针对该领域研究学者，提出一种新的环境影响评价模型，通过不同案例的对比分析，互相印证，提出一套具有源头追溯的节能减排与环境保护方案，响应国家《"十三五"节能减排综合工作方案》政策。

全书主要围绕钢筋混凝土构造全生命周期环境影响评价进行研究，共六部分，主要内容包括总述、环境影响评价方法、民用建筑生命周期环境影响评价、交通基础设施生命周期环境影响评价、节能减排方案及政策建议、总结与展望几大核心内容。本书旨在为该领域研究者提供一种新型的环境影响评价模型，用于评价钢筋混凝土构造全生命周期各阶段（物化阶段、运营与维护阶段、拆除阶段）对环境的影响。找出钢筋混凝土构造全生命周期中对环境影响最大的因素，从而提出一套具有源头追溯的节能减排与环境保护方案。

本书的意义在于：（1）以问题为导向将 LCA 原理用 SimaPro 软件和 BEES＋的方法量化表达，研究钢筋混凝土结构全生命周期各阶段对环境的影响，完善了我国钢筋混凝土结构环境影响评价体系。（2）从酸化、全球变暖、富营养化、生态毒性、烟雾等方面进行环境影响评价，提出了一种新的全生命周期环境影响评价模型。（3）响应国家节能减排政策，实现绿色发展，对民用建筑及交通基础设施行业领域研究者具有指导作用，对推动建筑业低碳发展具有深远意义。

　　本书在撰写过程中，专门去中铁大桥局集团有限公司、中铁大桥局集团第一工程有限公司进行实地调研，将获得的一手工程量清单数据作为本书的数据来源。本书受到川藏铁路重大基础科学问题专项项目（编号：71942006）、2018 年度交通运输行业重点科技项目——国际科技合作项目"基于 ICEC-TI 模型的交通基础设施碳排放测算及环境影响评价"项目（编号：2018-GH-006）、青海省自然科学基金资助项目（编号：2020-ZJ-736）、长安大学中央高校基本科研业务费资助项目"基于 ICEC-TI 模型的交通基础设施碳排放测算及环境影响评价"项目（编号：300102238201）的资助。研究生邓权学、彭夏清、朱凯、欧阳优、王欣、张美蓉帮忙整理了书稿，在此表示感谢。编写过程中参阅了大量的文献和资料，对于这些文献的作者及资料的提供者也表示深深的谢意。

　　本书难免有疏漏或不足之处，真诚期待各位专家、读者提出宝贵意见。

目　录

表 目 录

图 目 录

第一部分　总　　述

1 绪 论

1.1 研 究 背 景

1. 民用建筑领域

工业革命以来，全球温室气体浓度一直呈现快速上升的趋势，大气中的二氧化碳平均浓度始终维持在 190～290ppm；而受人类活动的影响，工业革命后二氧化碳浓度急剧增加。政府间气候变化专门委员会的评估报告（IPCC AR5）指出，由于温室气体浓度增加，1880～2012 年全球平均升温 0.8℃。资料显示，若按目前的增长速度，21 世纪末大气中的二氧化碳浓度将增至 550ppm，届时全球将升温 3±1.5℃，将对生态环境造成毁灭性打击，如冰川融化致使海平面上升淹没沿海城市，全球水循环变化致使植物生长与物种多样性遭到严重威胁等。

目前，温室气体排放所导致的全球变暖问题已经成为全世界共同面临的一个非常重要的环境挑战，遏制温室气体排放速率、缓解全球变暖问题是全世界共同关注的重要议题，它不仅影响到地球的整体生态环境和当下各国的国计民生，同时也与人类社会未来的发展息息相关。

随着对温室气体排放与温室效应的深入认知，全球范围内掀起了"节能减排"的浪潮。1992 年，联合国气候变化专门委员会历经艰难谈判通过了《联合国气候变化框架公约》（UNFCCC）；1997 年，在日本京都通过了 UNFCCC 的附加协议《京都议定书》，为各主要工业国的 CO_2 排放量规定了限值，并于 2005 年强制生效；2006 年，《国家温室气体清单指南》（IPCC 2006）发布，为温室气体的清单分析与核算提供指导；2009 年，UNFCCC 的 192 个缔约方于哥本哈根会议对全球气候变化问题进行了深入研究，并提出"全球增温控制在 2℃以内"的警戒线；2015 年，联合国气候变化会议讨论了旨在控制全球气候变化的巴黎协议，2016 年，176 个国家签署了这一协议并制定了相应的减排政策。

联合国政府间气候变化专门委员会（IPCC）第五次评估报告指出，全球大气中的二氧化碳浓度已经超出了地球过去 80 万年以来的浓度水平。在 1880～2012 年的这 132 年间，全球气温平均上升了 0.85℃。1983～2012 年，是过去 1400 年间北半球最温暖的 30 年。气候变暖问题已经蔓延至全球，中国也不例外。在全球变暖的大环境下，中国气候变化的趋势与全球总体趋势基本保持一致。近 100 年来，全球升温幅度平均值约为 0.6 ± 0.2℃，而中国地表平均气温升幅为 $0.5 \sim 0.8$℃。在最近的 50 年，我国地表气温以平均每 10 年升温 0.22℃的速率上升，这一数值明显高于全球或北半球平均气温上升速率。中国的平均增温幅度更加明显，温室效应问题已经较为严重。

毫无疑问，由温室气体排放所带来的温室效应问题，已经开始影响人类生存的自然生态系统。全球变暖导致海洋冰川不断融化，由此造成的海平面上升已经开始逐渐侵蚀某些岛屿国家，海洋物种受到直接影响。生态环境变化使得灾害气候与极端天气频发，与此同时病毒增加与变异、生态物种减少等间接性负面影响也给人类社会带来了巨大的损失。然而，这些问题都可能仅仅是由碳排放导致的全球变暖给全世界带来的各种问题的冰山一角，许多不可估量的气候隐患尚在潜伏中。把温室气体排放量控制在大气环境可承受的范围之内，减缓全球变暖增速是十分必要且迫切的。

联合国环境规划署发布的 2016 年《排放差距报告》指出，要想在 21 世纪末将全球气温升幅控制在 2℃ 以内，则到 2030 年温室气体排放量应当小于 420 亿吨二氧化碳当量。然而根据目前的温室气体排放情况，2030 年全球预计的温室气体排放量将达到 $540 \sim 560$ 亿吨，两者之间存在着 $120 \sim 140$ 亿吨的排放差距。全球碳排放明显过量，减少碳排放是全球各国政府的共同责任。

建筑业能源消耗与碳排放分别占全球总量的 40% 和 36%，且建筑节能减排的成本相对较低，故成为目前重点减排的领域之一。发达国家由于建设量小，更为关注运行过程减排，并致力于被动房、太阳能利用等方面的研究。而我国近年来通过节能改造、利用新能源等途径，建筑运行减排初见成效，但与欧美发达国家相比，我国建筑生产与运行节能技术水平相对落后。与此同时，对于人口众多、经济快速发展的中国，为满足生产与生活需要，每年新增工程建设量高达十几亿平方米，由此引起的资源、能源消耗，以及环境问题尤为突出，使得我国碳排放总量高居世界榜首。鉴于目前我国建筑业的巨大体量，控制建造过程碳排放对实现短期减排目标具有重要意义，亦不容忽视。

随着我国工业化和城镇化的加速发展，城市基础设施的建设规模和建设速度都是世界发展史上所罕见的。中国目前已成为世界上新建建筑最多、建材产量最大的国家。据国家统计年鉴发布的数据，我国每年建筑业房屋竣工面积逐年增长，已经由 2005 年的 16 亿平方米增加到 2014 年的 42 亿平方米。建筑规模的持续增长主要从两方面驱动了能源消耗和碳排放增长。一方面，建设规模的持续增长都需要以大量减持和能源的消耗作为代价，我国大量的新建建筑和基础设施所产生的建造能耗是我国碳排放增长的重要原因；另一方面，不断增长的建筑面积带来大量的建筑运行能耗，从而产生持续的碳排放。2014 年，我国建筑总商品能耗为 8.19 亿 tce（标煤），约占全国能源消费总量的 20%，加上当年新建建筑的建造能耗 16%，那么整个建筑领域的建造和运行能耗占全社会一次能耗总量比例高达 36%。可见，实现我国的各项节能减排目标，建筑业的减排则是关键领域之一。

与此同时，建筑二氧化碳排放量也随之不断加大。住建部副部长在全国建设科技工作会议上指出，我国建筑能耗总量占社会终端能耗消耗量的比例已从 20 世纪 70 年代末的 10%，上升到 27.45%。预测结果显示，随着我国城市化进程的加快和人民生活水平的提高，我国建筑耗能占社会终端能源消耗的比例将继续攀升，达到 35% 左右。目前，我国每年有 16～20 亿平方米新建项目建成，这一数值超过全球所有发达国家年建成建筑面积的总和，在这些新建项目中有高达 97% 的建筑属于高耗能建筑。然而，在既有的 400 亿平方米的建筑中，高耗能建筑也占到 95% 以上，总量庞大。

面对全球节能减排的严峻形势，我国直面经济发展与环境保护的双重挑战，做出了坚持不懈的努力。2009 年，我国承诺 2020 年单位 GDP 的二氧化碳排放量与 2005 年相比降低 40%～45%；"国民经济和社会发展规划纲要"将节能减排作为一项重要任务，"十二五"期间提出了单位 GDP 减排二氧化碳 17% 的约束性目标，"十三五"期间又提出了单位 GDP 减排二氧化碳 18% 的新要求；2015 年，中央政治局会议正式提出了"绿色化"概念，将"低碳节能"上升至国家发展的战略层面，在新的经济形式下对生态文明建设提出了更高要求；2016 年，"十三五节能减排综合工作方案"提出了强化建筑节能，推行绿色施工，推广节能绿色建材、装配式和钢结构建筑的目标。2017 年，"建筑节能与绿色建筑发展十三五规划"对上述目标进行了进一步细化。

国务院"十三五"规划中强调，到 2020 年新建建筑面积中，城镇绿色建筑面积占比要提高到 50%。要计划实施绿色建筑全产业链发展计划，推行绿色施工方式，推广节能绿色建材、装配式和钢结构建筑。强化既有建筑节能改造，实施改造面积 5 亿平方米以上，建筑业将成为重点减排对象。

2. 交通基础设施领域

交通运输是国民经济中的基础性、先导性、战略性产业，是重要的服务性行业。构建现代综合交通运输体系，是适应把握引领经济发展新常态、推进供给侧结构性改革、推动国家重大战略实施、支撑全面建成小康社会的客观要求。当前，我国经济发展进入新常态，产业结构优化明显加快，能源消费增速放缓，资源性、高耗能、高排放产业发展逐渐衰竭。但必须清醒认识到，随着工业化、城镇化进程加快和消费结构持续升级，我国能源需求刚性增长，资源环境问题仍是制约我国经济社会发展的瓶颈之一，节能减排依然形势严峻、任务艰巨。我国的交通节能减排工作早在多年前就已经得到政府的重视，包括交通节能设计标准的制定与强制执行、可再生能源技术的应用、大力推广节能产品等。《节能减排"十二五"规划》提出了要深入贯彻节约资源和保护环境基本国策，坚持绿色发展和低碳发展。《"十三五"现代综合交通运输体系发展规划》则进一步提出了优化交通运输结构，鼓励发展铁路、水运和城市公共交通等运输方式，优化发展航空、公路等运输方式。科学划设公交专用道，完善城市步行和自行车等慢行服务系统，积极探索合乘、拼车等共享交通发展。鼓励淘汰老旧高能耗车船，提高运输工具和港站等节能环保技术水平。加快新能源汽车充电设施建设，推进新能源运输工具规模化应用。制定发布交通运输行业重点节能低碳技术和产品推广目录，坚持把节能减排作为落实科学发展观、加快转变经济发展方式的重要着力点，加快构建资源节约、环境友好的生产方式和消费模式，增强可持续发展能力。在制定实施国家有关发展战略、专项规划、产业政策以及财政、税收、金融、价格和土地等政策过程中，要体现节能减排要求，发展目标要与节能减排约束性指标衔接，政策措施要有利于推进节能减排。从"十二五"规划到"十三五"规划中的节能减排政策，充分表现了政府对交通节能减排的重视，并取得显著的成果。只是由于理论研究的不完善及技术的不成熟，国内的节能减排依然需要做出更大努力。

环境排放泛指对环境造成影响的各种污染物排放，包括 CO_2 排放、SO_2 排放以及氮氧化物排放等，将会对环境造成全球变暖、酸化、富营养化、生态毒性、烟雾、自然资源消耗、栖息地的改变及臭氧消耗等 8 种类型的环境影响。而环境影响评价则是对各种环境排放物进行定量化测算，并根据测算结果进行评价分析。随着城市化和经济社会的发展，交通需求迅速增加，交通运输业的能耗和环境排放的迅速增长，已逐渐成为学者关注的重点。目前，我国的交通基础设施建设经历"四万亿"的投资大潮后，接下来随着 PPP 政策的出台和推动城镇化的提速，国内交通基础设施建设再次迎来建设高峰。研究显示，中国交通运输业能耗年增长率为 10.8%，高于全社会能耗年增长率 8.74%，是能耗增速最快的行业之一。然而这种以高投入、高排放为特征的粗放型发展模式带来了严重的环境问题。中国已成为世界最大的环境排放国家之一，如何控制环境排放增速和降低碳排放强度已成为我国亟需解决的重点课题。

近年来，许多国家对交通基础设施的投资急剧增加。例如，印度政府已着手实施雄心勃勃的交通基础设施发展计划，因此，印度国家公路网的总长度在 2000～2015 年间几乎翻了一番。在中国，交通基础设施投资是政府的长期发展战略，交通基础设施不断扩大。截至 2017 年底，中国高速公路总里程为 477.35 万公里，铁路里程为 127000 公里。与此同时，公路桥梁数量达到 805300 座，高速铁路桥梁总长度超过 1 万公里。

广泛的统计和研究表明，交通运输部门是环境排放的主要来源之一。政府间气候变化专门委员会（IPCC）的第五次评估报告（AR5）显示，11％的环境排放来自交通运输部门；2015年，交通运输部门的环境排放量占马来西亚环境排放总量的28％，而美国为27％，中国为15.6％。交通基础设施的迅速扩张加速了中国的环境排放。2012～2022年间，中国的环境排放量预计将以平均每年17.46％的速度增长。

目前，国内已经实施了一些措施来减少交通运输部门造成的大量环境排放。例如，发展铁路，改善交通管理，促进智能交通系统和加强停车管理等。然而，这些措施并没有产生预期的良好效果。在另一方面，减缓交通运输部门环境排放的措施大部分侧重于交通基础设施的物化阶段，包括在物化阶段建立交通基础设施网络设计问题模型，以及在交通基础设施的物化阶段开发一种估算碳排放的方法等。

然而，很少有人尝试评估大型交通基础设施生命周期中的环境排放。特别是，缺乏生命周期环境影响评价模型来评估环境排放及其对交通基础设施的影响。为了适当减轻交通基础设施对环境的影响，决策者有必要考虑生命周期的能源使用和排放。

总结来说，在全球致力于节能减排的时代背景下，建筑低碳化已迫在眉睫。我国作为发展中的经济大国，建筑业能耗与碳排放量巨大，实现建筑业节能减排对我国经济低碳发展具有重要意义。而目前并不十分完善的相关标准，以及从微观单体建筑到宏观建筑业碳排放统一评估体系的缺失，显然已不能满足时代发展的需求。

为响应国家节能减排政策，本书基于环境排放数据清单，采用SimaPro软件分析四类民用建筑（住宅、医院、商业办公楼、学校）及三类交通基础设施（桥梁、铁路、公路）全生命周期的三个阶段（即物化阶段、使用及运营阶段、拆除回收阶段）的环境排放量，对民用建筑及交通基础设施全生命周期进行环境影响评价对比分析，寻找最有效的节能减排方案，确定全生命周期视角下民用建筑与交通基础设施工程的环境影响评价关键技术，在民用建筑领域和公路、桥梁等交通基础设施领域进行推广应用，指导其进行节能改造，以求达到国家的节能目标值，保护环境。为我国低碳建筑、低碳交通的健康、迅速发展提供实践指导。

1.2　研　究　意　义

1.2.1　研究理论意义

（1）我国建筑行业缺少对建筑全生命周期内的碳排放标准，住房和城乡建设部标准定额司发布关于征求国家标准《建筑碳排放计算标准（征求意见稿）》意见的函（建标工征〔2017〕38号），但仍然处于起草阶段，表明我国钢筋混凝土构造碳排放标准面临标准不明确、体系不完善及计算不规范等问题。本书将LCA原理用SimaPro软件和BEES＋的方法量化表达，确定四种类型钢筋混凝土构造物化阶段、使用及运营阶段、拆除回收阶段的全生命周期内碳排放趋势，通过碳排放测算对比以期指导构建全生命周期内钢筋混凝土构造碳排放标准，规范建筑碳排放计算方法，引导业主方及设计单位在建筑项目的设计阶段便考虑其全生命周期的节能低碳，增强建筑及建材企业对碳排放核算、报送、核查（MRV）的意识，为未来建筑物参与碳排放交易、碳税、碳配额、碳足迹，开展国际比对等工作提供技术支撑，具有较大的行业价值和学术意义。

（2）国内研究学者在研究建筑污染物排放对环境的影响时一般只关注建筑碳排放方面，而没有单独考察其他环境影响，例如 SO_2 排放、臭氧层破坏等。方定琴[1]的研究认为仅研究建筑碳排放会导致在环境排放的研究完整性上有欠缺。本书除了对钢筋混凝土建筑进行阶段性碳排放分析和全生命周期视角下的建筑碳排放分析外，还对其进行了多种环境排放的影响评价分析，包括全球变暖、酸化、富营养化、生态毒性、烟雾、自然资源消耗、栖息地的改变以及臭氧消耗等，分析结果具有完整性与全面性，以期能为建筑行业的节能计算提供理论借鉴。此外，清华大学的陈海波[2]指出由于计算手段的不成熟，多年来一直制约着国内建筑碳排放标准的提出。需要基于计算方法的大量案例计算、验证工作，并配合一定数量的案例调研，才能给出标准。本书基于LCA原理，采用成熟的计算方法，结合多种类型的钢筋混凝土建筑案例，通过计算对比研究，为钢筋混凝土建筑碳排放标准的提出提供的理论借鉴。

（3）虽然国内已有部分学者对桥梁、公路、铁路等基础设施的碳排放进行了研究，但是针对工程项目的碳排放评估研究尚存在以下不足之处：

一是对全生命周期的碳排放研究不深；目前的研究课题大都只涉及建设期施工碳排放计算，然而由于真实的工程维护实例和数据极少，针对维护阶段的碳排放核算不确定性较大，全生命周期研究数据不足。

二是对碳排放的评估指标，尚未有统一标准；目前以碳排放总量作为评估指标的居多，还有部分项目以单位功能长度或单位投资碳排放作为指标。国家相关的各项标准中尚未实现碳排放评估指标的标准化。

三是项目的碳排放研究较多，却甚少涉及项目的减排效应研究；工程项目在运营后，大都会改善区域交通通行条件，带来减排效应。忽略项目的减排效应，将会产生"只计成本，不计收益"的矛盾。完整的碳排放评估，应是既考虑项目建设运营期的碳排放，又要考虑运营期的减排效应，如果仅仅进行碳排放量核算，则难以全面评估工程项目的碳排放效应，只有引入综合性碳排放评估，才能合理地反映项目建设的碳排放效应。

因此针对重大交通基础设施项目建设，开展碳排放的计量与评估，是项目碳排放控制的客观要求。本书在低碳环境背景下，将 LCA 原理与 SimaPro 评价系统及 BEES＋方法有机结合，建立交通基础设施碳排放测算模型，测算各类型的交通基础设施全生命周期（物化阶段、使用及运营阶段以及拆除回收阶段）的碳排放量，并根据计算结果对各类型交通基础设施的物化阶段及全生命周期下的碳排放进行对比分析。最后，根据研究分析结果提出碳减排方案，确定全生命周期视角下交通基础设施碳排放测算标准，以指导其进行节能改造，以求达到国家的节能目标值，保护环境。指导构建全生命周期视角下的交通基础设施碳排放测算标准，逐渐形成行业强制性技术标准，以实现节能减排目标。

1.2.2　研究实践意义

国务院在《"十三五"节能减排综合工作方案》中指出：我国能源需求刚性增长，资源环境问题仍是制约我国经济社会发展的瓶颈之一，节能减排依然形势严峻、任务艰巨。要求各地区、各部门下更大决心，用更大气力，采取更有效的政策措施，切实将节能减排工作推向深入。建筑业是以消耗大量的自然资源以及造成沉重的环境负担为代价的，据统计，建筑活动使用了自然资源总量的 40％、能源总量的 40％，而造成的建筑垃圾也占人类活动产生垃圾总量的 40％，预计 2030 年建筑业产生的温室气体将占全社会排放量的 25％。因此，建筑业的低碳减排迫在眉睫。现代建筑主要以钢筋混凝土建筑为主，同时，绿色建筑已然成为建筑发展的必然趋势。住房和城乡建设部为进一步强化公共建筑节能管理，充分挖掘节能潜力，解决当前仍存在的用能管理水平低、节能改造进展缓慢等问题，确保完成国务院印发的《"十三五"节能减排综合工作方案》确定的目标任务，要求各省、自治区、直辖市在"十三五"时期，建设不少于 1 个公共建筑能效提升重点城市，树立地区公共建筑能效提升引领标杆。然而，由于真正基于市场环境的、相对深入的绿色节能建筑实践仍处于初级阶段，因此有针对性的节能减排研究还不充分，不利于从实践到理论再到实践的节能减排工作的开展。在此背景下，针对钢筋混凝土建筑的碳排放研究，提出有效的节能减排措施及相关政策建议，满足了国务院在"十三五"节能减排方面政策落地的需求，为住房和城乡建设部的相关工作开展提供借鉴指导，具有较大的实践意义。

根据《中国统计年鉴》中的数据，至 2016 年，全国已有建筑面积为 706 亿平方米，而这其中节能建筑仅有不到 10 亿平方米，按建筑物使用阶段以每平方米消耗 26 公斤标准煤来计算，则 706 亿平方米的建筑一年耗费 18.3 亿吨标准煤。本书通过分析全生命周期视角下钢筋混凝土构造中能耗最大的环节，根据研究分析结果有针对性地提出全生命周期视角下钢筋混凝土构造各阶段碳减排改善方案，可有效降低建筑能耗，若以达到德国标准为例，则中国建筑能耗方面每年能节省一万多亿元，对于国家建筑企业而言，节省了建设成本，具有相当重要的经济意义。此外，随着科技文化的发展和人民意识的提高，社会民众普遍愿意接受节能、高效的绿色产品。但是目前的低碳绿色建筑从规模、数量和运行质量上，都与人民群众对住宅品质的要求存在较大差距。本书拟构建一套科学合理的全生命周期视角下钢筋混凝土构造内碳排放标准体系，提高社会公众福利，推动实现国家的节能目标、合同能源管理等相关事业，有利于实现可持续发展，对建筑企业履行社会责任具有重要的意义。

减少温室气体排放、减缓全球变暖增速已经成为全世界的共识。建筑业因其高能耗、高碳排放和高减排潜力，成为低碳研究的重点领域。为减少建筑碳排放，实现建筑生态改良，有必要量化测算建筑全生命周期的碳排放，从全生命周期碳排放角度研究建筑各阶段碳排放特征，并提出针对性生态改良方法，研究具有一定实践意义。

本书的研究内容反映了建筑行业的时代要求和趋势，对我国低碳建筑的发展具有重大而深远的意义。通过构建全生命周期视角下的多种类型的钢筋混凝土建筑 SimaPro 碳排放计算模型，实现了钢筋混凝土建筑碳排放的定量化和可视化，计算分析出钢筋混凝土建筑全生命周期各个阶段碳排放量，找出生命周期各个阶段造成碳排放影响的直接原因和主要原因，并寻找最有效的节能减排方案，从政府的角度分析并提出相关政策建议，为我国低碳建筑的健康、迅速发展提供实践指导。

此外，我国交通基础设施碳排放面临标准不明确、体系不完善及计算不规范等问题。其根本在于行业缺少对交通基础设施碳排放标准综合测算的研究。本书将 LCA 原理用 SimaPro 软件和 BEES＋的方法量化表达，确定交通基础设施（包括铁路、高速公路、桥梁等类型）在物化阶段、使用及运营阶段、拆除回收阶段的碳排放趋势，指导构建全生命周期内交通基础设施碳排放标准综合测算，具有较大的行业价值和学术意义。

交通运输行业作为国民经济的基础性产业，为国家经济发展提供基础服务的同时，其行业本身的发展也成为促进地区经济发展的重要因素。因此，在全面经济发展对完善的交通运输需求急剧放大的情况下，其对中国经济发展和生态发展的意义更加凸显。尤其是进入 20 世纪 90 年代，我国经济的增长和交通基础设施建设水平的提升速度之大，有目共睹。基础设施的完善和网络布局的日益通达在满足了运输需求的同时，其产生的能源利用及排放问题也得到越来越多的关注。因此，交通基础设施的低碳减排迫在眉睫。现代社会绿色出行已成为交通发展的趋势和必然。然而，真正基于市场环境的、相对深入的低碳交通基础设施实践仍处于初级阶段，因此有针对性的节能减排研究还不充分甚至尚属空白。在此背景下，针对交通基础设施的碳排放研究更具有现实意义。

目前，我国大部分交通运输仍处于一种高能耗、高污染、高排放的发展模式，给环境保护和节能减排带来严重的阻碍。本书在低碳环境背景下，拟构建一套科学合理的交通基础设施全生命周期碳排放的标准体系，推动实现国家的节能目标、合同能源管理等相关事业，有利于实现可持续发展，具有重要的社会意义。

1.3　文献综述

1.3.1　民用建筑碳排放研究

碳排放已被确定为威胁地球生态和气候的主要环境指标。发达国家的政府通常会通过碳排放限额和碳税等碳排放政策，用以限制企业的碳排放。各组织也把重点放在可持续发展举措上，以减少碳排放总量。中国已在哥本哈根气候峰会上郑重承诺，到 2020 年，单位 GDP 碳排放强度要降低 40%～45%。建筑领域的节能减排是我国节能减排及应对气候变化工作中不可或缺的重要一环，建筑排放已占到一般城市排放的 40% 左右，其中住宅建筑碳排放量已占到建筑业碳排放总量的 70% 左右。但是我国当前采取节能措施的建筑只有 4%，每年新增 16～20 亿平方米的建筑中，80% 都是高耗能建筑。因此需要对建筑碳排放进行深入的研究，用以对建筑业的节能减排提供理论支撑及实践指导。目前，国内外大量的研究学者对建筑碳排放也做出了大量的研究，研究大体集中在绿色技术、碳排放政策、建筑材料、建筑施工以及建筑全生命周期评估等几个方面。

1. 绿色技术

绿色技术对碳减排方面具有积极的影响，作为应对气候变化的最佳解决方案，绿色建筑在多个国家特别是在中国得到越来越广泛的推广。清华大学的 Wu 等[3] 用生命周期碳排放评估方法（LCA）比较了绿色建筑与非绿色建筑的碳排放量，发现绿色建筑整个生命周期的二氧化碳排放量远低于非绿色建筑，仅为住宅建筑的 10% 或商业建筑的 32%，而对于住宅和商业建筑，其运营与维护阶段贡献了整个生命周期的大部分碳排放，为 69.2%～89.3%。一些研究已经评估了可以为低碳建筑行业做出贡献的生命周期二氧化碳排放量和相关的减排技术，而长期建筑技术作为减少建筑行业碳排放量的主要手段也倍受关注。伴随着这些发展，亟需开发建筑使用寿命和生命周期二氧化碳排放量的定量评估模型。因此，韩国汉阳大学的 Kim 等[4] 将公寓建筑的生命周期分为建设、运行、维护、处置四个阶段，评估了其使用寿命和生命周期二氧化碳减排量，并开发低碳耐久性设计的公寓建筑，利用绿色技术分析生命周期二氧化碳减排的特点和公寓建筑的使用寿命来实现节能减排目标。

2. 碳排放政策

近年来，大量的碳排放造成了严重的全球性环境破坏，如温室效应恶化、烟雾浓厚。为了遏制碳排放，保持经济的可持续发展，各国政府出台了多种政策，其中限制与交易政策（CTP）和低碳补贴政策（LCSP）被广泛采用，促进了低碳经济的发展。而且，考虑到政府相关政策以及消费者环保意识的提高，越来越多的制造商采用碳减排技术，生产出更加绿色的产品。南昌大学的 Cao 等[5] 研究了 CTP 和 LCSP 对制造商的生产和碳减排水平的影响，发现了碳交易价格与碳减排水平的关系以及环境损害系数对 LCSP 与 CTP 政策适用性的影响，向政府提供政策制定的见解以及提高制造商对碳减排的决策洞察力。在碳税政策方面，四川大学的 Li 等[6] 采用整数线性规划方法建立供应链网络减排模型，分析了不同碳价格对供应链成本和碳排放的影响。研究发现实行碳税政策可以减少建筑供应链中的二氧化碳排放量，但碳价格的上涨不但不会产生减排效应，还可能给企业带来经济负担，并提出了一个合理的碳价格范围，为决策者提供了一个经济的实现低碳建筑供应链的战略。此外，新加坡国立大学的 Lu 等[7] 通过确定七个关键驱动因素的纵向影响以及评估建筑排放政策的有效性来计算 1994～2012 年中国的建筑碳排放量，采用对数平均分指数（LMDI）进行分析，以分解增量排放量的变化，从分解的角度为中国建筑业碳排放提供了新的科学依据，为行业排放法规提出了新的挑战。

3. 建筑材料与建筑施工

建筑材料在其制造和施工阶段造成相当大的环境影响，二氧化碳排放等环境影响可以根据所使用的材料数量来计算，因此可以通过减少设计阶段所用材料数量来达到减少二氧化碳排放量的目的。韩国天主教大邱大学的 Choi 等[8] 提出了一种设计技术并应用于一栋 37 层的真实建筑，采用调整大小的方法来减少设计阶段所用材料数量以降低高层建筑的成本和二氧化碳排放量，比较了技术应用前后的成本和二氧化碳排放量，证实了与初始设计相比，使用所提出的技术进行设计将成本降低了 29.2%，并且二氧化碳排放降低了 13.5%。香港理工大学的 Chau 等[9] 采用蒙特卡洛方法的概率分布来描述高层混凝土办公楼上层建筑的二氧化碳足迹，并从香港 13 座高层混凝土办公楼收集的材料使用数据构建的分布情况，研究发现外墙和上层建筑的二氧化碳排放量最高，其次是悬吊天花板和饰面，这三者占了与上层建筑有关的二氧化碳足迹的 84.2%。建筑施工阶段碳排放的评估对于减少碳足迹至关重要。以往的研究集中在排放量上，而现在的研究集中在建筑排放评估的不确定性问题上。Zhang 等[10]采用半定量的方法，根据数据质量指标对建筑材料和能源的数量和排放的概率分布进行评估，采用本地生产和低碳能源来量化情景不确定性，转换系数和时间相关性来量化模型的不确定性，分析揭示了减少隐含排放和相应的不确定性的关键因素（如系统边界、钢铁、混凝土和砌体工程、当地生产和数据的适用期），促进了综合评估建筑物体现排放的不确定性，从而为建筑行业的低碳决策做出贡献。此外，高层建筑使用不同的建筑材料和结构形式，会导致其具体的碳排放估计变化很大。因此，香港科技大学的 Gan 等[11]评估了不同设计参数与高层建筑内含碳量之间的关系，发现当建筑结构形式和建筑高度相同时，钢结构建筑总重量虽然比复合材料和钢筋混凝土建筑物的重量减少 50%～60%，但却多含有 25%～30% 的碳。而每个建筑物高度的碳含量遵循一个向上的上升趋势，表明每个结构形式都有一个建议的高度范围，其中碳含量最低。当建筑物的高度超过建议的高度范围时，建筑物的结构效率会随着材料需求和碳含量的显著增长而下降。同济大学的 Su 与 Zhang[12]对国内的三个钢结构住宅建筑的材料生产阶段、运输阶段、施工阶段、回收和拆除阶段以及其能源上游的能耗研究结果表明，钢构件、混凝土和水泥的能耗占全部建筑构件能源消耗总量的 60% 以上，钢构件能耗比例随着楼层的增加而增加，而混凝土和水泥的能源消耗比例随之减少，表明钢结构建筑构件所体现的能源和环境问题对建筑高度敏感，而对建筑体积不敏感。韩国庆熙大学的 Lee 等人[13]分析了一种采用智能框架开发的新型复合预制混凝土结构（CPC）的二氧化碳减排效果，研究发现当使用 CPC 代替 RC 时，由于其结构效率较高，需要较少的钢材料与混凝土，它不仅降低了成本，还减少了二氧化碳的排放，相当于 5.5% 的二氧化碳减排效果。

此外，各国正在尝试通过增加木质建材在建筑物建材中的比例来降低建筑物整体的碳排放。早在 20 世纪末，新西兰坎特伯雷大学的 Buchanan 等人[14]便已考虑木材排放到大气中的二氧化碳量来作为建筑材料对全球变暖的影响，对建筑施工的典型形式的分析表明，木质建筑物的碳排放远低于使用其他建材如砖、铝、钢和混凝土的建筑物。澳大利亚新南威尔士大学的 Teh 等人[15]通过调查在新建筑材料中使用工程木制品（EWP）的潜在用途，评估建筑材料使用潜在重大转变的碳结果，比较了澳大利亚使用木材作为主要建材的中层建筑（10 层）与标准参考建筑（使用钢筋混凝土）的碳排放，发现用 EWPs 替代钢筋混凝土对于未来温室气体排放的减少具有较大的潜在价值，表明低碳和可持续建筑材料的选择对于减少建筑环境的碳足迹至关重要。新西兰的 Stocchero 等人[16]以奥克兰为例，研究发现在未来的城市发展中，在满足城市未来增长需求的同时，最大限度地使用木材的做法将实现使得奥克兰到 2040 年碳排放量减少 40% 的目标，可以比计划的速度快 20％。德国波鸿鲁尔大学的 Hafner 等[17] 根据生命周期评估（LCA）方法对不同建筑结构的住宅建筑进行了计算比较，发现用木材代替使用矿物材料进行建造具有积极的温室气体减排潜力。

4. 建筑全生命周期评估

全生命周期评估（LCA）最早出现于 20 世纪 60 年代末，美国开展了一系列针对包装品的分析、评价，该研究试图从最初的原材料采掘到最终的废弃物处理，进行全过程的跟踪与定量分析（从摇篮到坟墓）。长期以来，LCA 方法已经被用于其他行业的产品开发过程的环境评估。由于 LCA 采取全面、系统的环境评估方法，因此人们越来越多地将 LCA 方法纳入建筑施工决策、环保产品选择以及施工过程评估和优化中，但相关的 LCA 方法的文献只在几个国家的出版物上发表。

在国内，广东工业大学的 Li 等[18] 以深圳市坪山新区大型住宅小区为例，对土方、地基、砌体、钢筋混凝土施工过程中的能耗和二氧化碳排放量进行了计算，定量评估了住宅小区施工阶段的碳排放量，为建筑物的生命周期特别是在施工期间的能源消耗提供管理指导。哈尔滨工业大学的 Zhang 等[19] 引入多准则基尼系数作为排污许可分配的指标提出了一个计算中国区域建筑行业生命周期排放量的过程，分析了 2004～2013 年建筑业的统计数据后发现，建筑物的生产阶段将是中国建筑业排放量增加的最大的贡献者，并提出了为地区建筑部门分配排放量的建议，对建筑业低碳发展政策的决策提供见解。天津大学的 Hu 等[20] 基于 LCA（生命周期评价）理论，选择一个典型的节能住宅单元来计算其在不同条件下的碳排放量，分析了保温厚度、空调形式和使用寿命等因素对其影响因素，研究发现每个住宅建筑都有其最佳的保温厚度，使得建筑生命周期的碳排放最小，并且随着建筑使用寿命的延长，其碳排放将会减少。东南大学的 Peng[21] 对建筑物进行生命周期评估（LCA）研究发现，约 85.4％的碳排放量是在建筑运行过程中产生的，建设阶段占碳排放总量的 12.6％，而在拆除阶段，约有 2％的碳排放量发生。

国外一些研究人员，如 Forsberg 以及 Malmborg[22] 建议使用生命周期评估方法来评估和促进可持续建筑，将 LCA 作为制定建筑决策的定量方法。Humbert 等[23] 从生命周期的角度分析了 LEED 认证的办公楼，并发现各种 LEED 积分代表的整体环境效益有显著差异。Scheuer 和 Keoleian（2002）[24] 从生命周期的角度出发，建议将生命周期评估（LCA）纳入 LEED 系统的进一步发展。在建筑施工方面，Keoleian 等[25] 评估了生命周期的能量使用、绿色温室气体排放和标准住宅的成本三个方面，覆盖了建筑的物化阶段、运营与维护阶段和拆除阶段。Citherlet 和 Defaux[26] 展示了瑞士建筑基于生命周期评估的三个阶段，他们将生命周期的环境影响分为直接和间接类别；直接影响包括所有与使用相关的能源消耗影响；间接影响来自于物质的开采、生产和爆破等，包括其他上游和下游的影响。Junnila 和 Horvath[27] 研究了芬兰的一栋混凝土框架办公大楼的环境影响，他们发现了在建筑材料的生产阶段与建筑的使用阶段，电能与热能的使用对环境造成了非常大的影响。Kofoworola 和 Gheewala[28] 在对泰国的一个办公大楼做 LCA 评估时，发现在与材料相关的环境影响中，钢材和混凝土占了大部分比例；而使用阶段的能源消耗对环境的影响占了整个生命周期环境影响的 52%。

　　虽然国外研究人员对 LCA 的研究较为深入，但是依然较少有人专门对钢筋混凝土建筑进行 LCA 碳排放研究。建筑物的 LCA 过程一般包括三个阶段：装配、运维和拆除阶段。Sartori 和 Hestnes[29] 已经确定了传统建筑在能源使用和环境影响等问题上的运作阶段的重要性。为了降低这一意义，提高建筑的能效，设计师们更加注重建造低能耗建筑。这是通过多种方法实现的，如提高围护结构的气密性和提高建筑物的保温隔热性能。在生产中增加能源和资源密集型材料的数量，对 LCA 中装配阶段的重要性有影响。Ramesh[30] 等人对低能耗建筑的 LCA 研究表明，它们比传统建筑具有更高的能耗。Sartori 和 Hestnes[29] 回顾了 60 个案例研究，考察了低能和常规建筑的运行能耗，并得出结论认为，降低运行能耗的趋势伴随着日益增加的能耗。

　　总的来说，所审查的传统建筑在其生命周期能耗的 2%～38% 范围内具有体现能耗的能力，而低能建筑则具有更高的能耗范围，为其生命周期能耗的 9%～46%。应该指出，低能耗建筑的生命周期能耗比传统建筑的生命周期能耗小得多。这些研究只关注生命周期的能耗，但重要的是要注意，建筑物的环境影响超出了所体现的和运行的能源，还有资源和矿物开采以及矿物燃料使用等其他负担。Blengini 和 Di Carlo[31] 考察了意大利北部的一个低能耗住宅和一个传统住宅，在他们的研究中考虑了 LCA 阶段变化的相关性。他们得出的结论是，运行阶段的低能耗住宅和标准住宅的生命周期能源使用量分别占 50% 和 80%。在环境性能方面，低能耗住宅的各项环境指标类别中，其臭氧枯竭潜能、全球变暖潜能和光化学臭氧创造潜力等方面优于标准住宅。在英国，以前的 LCA 主要关注能源消耗和碳排放，并且通常没有可比性，缺乏细节和一致的边界，这在 Monahan 和 Powell[32] 的研究中有着详细的说明。Monahan 和 Powell[32]、Hammond 和 Jones[33] 研究了与装配阶段相关的能量和碳排放，而 Hacker 等[34] 和 NHBC 基金会[35] 研究了装配和操作阶段的碳排放。

　　在 LCA 过程中，生命周期的终末阶段通常被认为是最困难的阶段，Sartori 和 Hestnes[29] 及 Ramesh 等[30] 的评论文章表明，这一阶段在大多数文献中尚未报道。Ramesh 等[30] 研究认为环境节约的分配似乎是有问题的，对于如何分配被拆毁的建筑物的能源效益，目前还没有达成一致意见。Scheuer 等[36] 对未来循环利用和再使用的速度进行了可靠的预测，并提出高度依赖未来的回收政策。Scheuer 等[24] 及 Junnilla 等[37] 在先前的 LCA 论文中已经表明，在包括基于假设和预测的生命末期阶段的全生命周期中，生命周期末期的能耗占生命周期能耗的最小值。然而，Blengini 和 Di Carlo[38] 强调了生命周期末期的浪费场景的重要性，因为回收的建筑垃圾减少了垃圾填埋场的数量，并取代了原始材料的去除效果。虽然作者认识到包含这种详细观察的好处，但不可能收集到所需的大量细节与数据。WRAP[39] 采用了一种简化的方法，在生命结束阶段，70%的材料被重复利用，30%被送往垃圾填埋场，这是一种基于建筑业目前的回收率的保守的分拆价值。

从以上四个方面的研究综述中可以看出国内外研究人员在碳排放方面已经做出了大量的研究贡献，无论是从建筑本身各阶段的碳排放评估还是从政策等其他外在因素。但是对于全生命周期视角下钢筋混凝土构造的碳排放研究依然不够，本书深入研究钢筋混凝土构造多种建筑类型（住宅、医院、商业及学校）的碳排放分析，可为以后的研究提供参考借鉴。

1.3.2 交通基础设施碳排放研究

国外研究者针对工程项目的碳排放研究起步较早，自 20 世纪 90 年代以来，欧美国家针对本国较大的交通基础设施项目，大都进行了碳排放核算与评估，并形成了一定的理论体系。在交通基础设施碳排放测算方法方面，国外对于 LCA 的碳排放研究较为成熟，对于 SimaPro 软件的应用也较为普遍，因此国外的交通基础设施碳排放测算方法也比较健全。

虽然国内已有部分学者针对桥梁、公路、铁路等基础设施的碳排放进行研究，但是针对工程项目的碳排放评估研究尚存在以下不足之处：一是对全生命周期的碳排放研究不深；目前的研究课题大都只涉及建设期施工碳排放计算，然而由于真实的工程维护实例和数据极少，针对维护阶段的碳排放核算不确定性较大，全生命周期研究数据不足。二是对碳排放的评估指标，尚未有统一标准；目前以碳排放总量作为评估指标的居多，还有部分项目以单位功能长度或单位投资碳排放作为指标。国家相关的各项标准中尚未实现碳排放评估指标的标准化。三是项目的碳排放研究较多，却甚少涉及项目的减排效应研究；工程项目在运营后，大都会改善区域交通通行条件，带来减排效应。忽略项目的减排效应，将会产生"只计成本，不计收益"的矛盾。完整的碳排放评估，应是既考虑项目建设运营期的碳排放，又要考虑运营期的减排效应，如果仅仅进行碳排放量核算，则难以全面评估工程项目的碳排放效应，只有引入综合性碳排放评估，才能合理地反映项目建设的碳排放效应。

国外关于交通基础设施的研究中，Liu 等[40] 应用 20 个沥青项目的生命周期评估和 18 个混凝土道路项目对不确定的数据源和系统边界对结果的影响进行了检查，并与以前的研究结果进行了比较讨论。调查结果显示，在沥青路和水泥路中，材料的碳排放是最大的；但是在道路上，道路上的机械甚至占到总排放量的 45%。故对改善碳排放的努力应集中在土方工程和结构上，以及改善非公路机械性能，不是仅仅考虑材料的影响。而为了减少道路建设过程中的碳排放，Wang[41] 等提出了一种基于中国西南地区四项实际工程的公路建设中产生的二氧化碳排放的经验方法。该方法通过不同的工程类型（如路基、路面、桥梁、隧道），对不同施工过程（原料生产、材料运输、施工工艺）的总排放进行了估算。研究结果表明，80% 以上的二氧化碳排放是由原料生产产生的；现场施工和材料运输仅占全部二氧化碳排放的 10% 和 3%。此外，桥梁和隧道结构的二氧化碳排放比路基和路面施工要大得多。Hettinger 等[42] 将 LCA 这一方法应用于两座桥梁，发现复合桥产生的环境影响比其预应力混凝土的要大得多。Krantz 等[43] 对挪威 3 座桥梁进行了详细的环境生命周期评价（LCA）案例研究，LCA 包括了广泛的污染物，以及在生命周期材料和能源消耗方面的高水平的细节。Peñaloza 等[44] 以瑞典某小型公路桥为例，通过动态 LCA 计算生物碳贮量，并运用 lagerblad 方法与文献值来评价混凝土的碳化，探讨了混凝土碳化和生物碳储存对道路桥梁全生命周期评估的影响。Du 和 Karoumi[45] 提出了一种系统的桥梁 LCA 模型，对 Banafjal 桥的两种备选方案进行了案例研究比较，利用 LCACML2001 方法和已知的生命周期库存数据库对 6 个影响类别进行了调查，结果表明，由于维修方便，固定板桥的选择具有较好的环境性能。Liu 等[40] 建立了桥梁环境影响评价的生命周期评价框架，通过引入单位长度的方法和装置材料的方法比较了两座桥梁，结果表明，固体废弃物在原材料和施工工艺环节对环境影响最为显著。Xie 等[46] 提出了一种基于遗传算法的既有桥梁维修方案优化框架，以最大安全性、最小生命周期费用和全生命周期环境影响为优化目标，寻找更合理的桥梁维修时间间隔。英属哥伦比亚大学 Reza 等[47] 研究了基于能值综合和生命周期评价（LCA）的公共基础设施系统集成框，通过识别并量化属性在 TBL 影响民用基础设施系统的生命周期，以解决可持续发展问题的基础设施系统，并提供定量和透明的结果，以促进明智的决策资产管理。Liu 等[48] 通过研究科罗拉多交通运输部（CDOT）在道路投资决策过程中采用的现行生命周期成本分析（LCCA），提出了一个区域环境生命周期评估（LCA）模型，用以评估与科罗拉多公路人行道相关的温室气体（GHG）排放。Soriano 等[49] 发现通过动态称重（WIM）更新数据，运用先进的评估方法对桥梁的寿命评估有很大的影响。Kreiner 等[50] 概述了环境和经济性能在现行建筑认证体系中的作用，针对生命周期成本分析（LCCA）和生命周期评价（LCA）对建筑物进行了评估。

近些年，国内基于 LCA 的城市交通基础设施环境影响分析研究也正在逐步推进当中。Xie 等[46]使用改进的 STIRPAT 模型，检查 2003~2013 年间 283 个城市的面板数据，探讨交通基础设施对城市碳排放的影响，结果表明交通基础设施增加了城市的碳排放和强度，结果还表明在大中型城市交通基础设施的建设增加了碳排放量，在小城市这种关系并不重要。Liu 等[40]试图通过生命周期评估（LCA）方法来阐明中国公路建设和维护的二氧化碳排放量，通过研究浙江省的 227 个实际公路项目，发现 LCA 结果对当地建筑材料不敏感，但对运输和现场施工中使用的柴油的排放因子敏感。Sun 等[51]建立了一个定量模型来估算桥梁在整个生命周期中的碳足迹。提出了一种碳强度指标，并对武汉南湖大桥进行了分析，评估结果表明，该桥的碳强度介于中小，碳足迹主要集中在制造和施工阶段。此研究表明，环境影响与经济成本相结合的碳足迹模型和碳强度指数评估方法在实际桥梁工程中具有较高的适用性，可作为桥梁管理部分评估生命周期环境影响的参考。Ren 等[52]通过测算天津市 2006—2012 年交通碳排放量并计算不同出行方式碳排放量所占比例，分析了该市的交通碳排放结构变化特征，并将其与北京市和上海市的交通碳排放结构进行比较。结果表明，该市近年来交通碳排放量迅猛增长的主要原因是私家车出行比例的快速增加以及公共交通发展的欠缺。Di 等[53]为了减少二氧化碳排放，将生命周期评估应用于绿化西汉高速公路的运营阶段，通过收集绿化工程完工和改建计划的数据，并计算 34 种树木和 19 种灌木物种的排放量，发现绿化工程可减少高速公路建设和管理中产生的二氧化碳，丰富了生命周期评估内容。

尽管交通基础设施碳排放测算在国内处于起步阶段，但对其的研究是当下响应节能减排政策的必然趋势，该研究技术具有良好的发展前景。我国缺少全生命周期视角下交通基础设施的碳排放基准测算。目前在规划设计阶段，低碳规划和新能源技术发展水平不高；在施工建设阶段，系统性的新型交通基础设施政策仍然缺位；在运维阶段，交通运输能耗的考核标准模糊；在拆除阶段，基础设施垃圾的资源化利用水平仍待提高。

本书以现代建筑行业中最常见的交通基础设施为例，基于全生命周期理论，以 SimaPro 软件为工具，建立交通基础设施碳排放测算模型。通过对铁路、高速公路、桥梁等几种类型的交通基础设施的碳排放测算对比研究，提出全生命周期视角下交通基础设施碳排放测算方法，并根据测算结果有针对性地提出交通节能减排方案，实现碳排放及治理成本的科学核算，推动低碳交通发展，对实现国家节能减排长效机制具有重要的研究意义与研究价值。

1.3.3 碳排放测算方法

多年来，国外已经制定了健全的工具来支持建筑碳排放绩效的生命周期评估。然而，这些工具大部分主要集中在建筑规模的建模和评估，在评估过程中依然存在各种障碍，如系统边界定义、复杂建筑间效应的量化、可比较数据的可用性、综合建模以及与居住者生活方式有关的不确定性等因素。为了解决在城市选区层面进行宏观透视碳评估的速度缓慢的问题，澳大利亚南澳大学的 Huang 等[54]研究开发了一个综合的生命周期模型，用以支持碳足迹的分区评估，以全面了解排放情况，进一步支持低碳城市规划和（重新）发展，并通过对南澳大利亚州阿德莱德的代表性郊区进行初步案例研究，证明了所提出方法的实用性，但还需要进行比较研究和情景分析，以确定影响城市区域总体碳排放绩效的关键因素。在建筑行业通过使用生命周期评估（LCA）方法来定量评估建筑材料和建筑物的环境影响已是常态。然而，现有的建筑 LCA 模型对建筑材料和建筑采用不同的评估体系和标准，从而使其评价价值的相互联系和整合变得困难。为了克服这个问题，韩国的 Lee 等[55]开发了一个综合建筑 LCA 模型，使得所有与用于建造建筑物的建筑材料、建筑部件和整个建筑相关的 LCA 结果得以整合。英国的 Azzouz 等[56]介绍了英国伦敦市中部一栋大型办公楼的节能措施的生命周期分析，突出了 LCA 在早期建筑设计决策中的重要性。加拿大的 Li 等[57]提出了一种基于仿真模型的综合模拟和优化的方法来减少现场施工过程中的二氧化碳排放量，发现通过优化劳动力分配，冬季现场施工二氧化碳排放总量可以减少 21.7%。澳大利亚墨尔本大学的 Schmidt 等[58]通过建立一个框架来整合生命周期成本法（LCC）和生命周期温室气体排放量（GHGE）评估，确定各种建筑相关 GHGE 减排策略的财务和 GHGE 绩效之间的重要关系和权衡，而这个框架可以作为建筑决策过程的一部分，帮助建立一个低碳、价格合理的建筑环境。韩国的 Jaehun Sim 与 Jehean Sim[59]采用系统动力学的方法，建立碳减排政策模型，估算公寓建筑的碳减排量，开发出了确定公寓单元的最佳数量的数学模型。

我国建筑低碳测算研究起步较晚，中国建筑科学研究院于 2017 年才牵头起草了国家标准《建筑碳排放计算标准（征求意见稿）》[60]，意见稿中主要说明了如何以碳排放因子计算建筑碳排放量，并给出相关公式。当然在此之前国内也有很多专家学者在碳排放测算方法方面有着相关研究。在 2011 年北京大学的 Chen 等[61]利用投入产出法对建筑进行低碳评价，将建筑全生命周期划分为 9 个阶段（建造、装修、设施建造、运输、使用、废物处理、运营、拆除、废弃回收），并将各阶段碳排放来源归类为三部分（原材料、能源消耗、人类力量）。尚春静等[62]从建筑全生命周期角度对不同结构建筑物进行测算，结果显示木质结构建筑碳排放量最低。2015 年李静等[63]从建筑工程定额出发分析建筑碳排放来源，从材料、机械设备、土地用途变更 3 个来源进行分析并提出测算方法。

此外，城市商业写字楼的二氧化碳排放是人为排放温室气体的重要组成部分，并且随着城市化的进一步发展，其规模将迅速扩大。建立一个简洁、准确和现实的能够预测未来排放量的模型是具有挑战性的，但对于城市地区发展低碳建筑和可持续发展的策略而言，却又是至关重要的。中国科学院的 Ye 等[64]分析了全国 294 座办公楼的运行能耗情况，采用广义回归神经网络（GRNN）结合城市发展情景用于预测城市未来的二氧化碳排放量，发现建筑的结构属性对能源相关的二氧化碳排放影响最大。该研究还提供了一个详细的方法，可用于探索办公室能源使用的动态和竞争的低碳办公大楼建设的选择。Li 等[65]研究了低碳建筑建设的发展趋势和高建筑能效、公共建筑能耗及其碳排放效应，通过分析不同类型公共建筑能源的消费和碳排放，总结了公共建筑能耗和碳排放的估算方法。香港大学的 Pan 等[66]从香港的公屋案例中，研究高层建筑能源建模的挑战和发展策略，提出了将能源模拟纳入设计阶段的工作流程，其制定的策略将有助于高效和准确地实现香港高层建筑物的能源模拟和碳排放量估算，并为其他相关城市环境的实践提供参考。同济大学的 Yang 等[67]开发了中国建筑碳排放模型，通过情景分析来预测中国建筑行业未来碳排放趋势，并提出应该同时控制楼面面积、能源消耗和能源结构，以限制建筑行业碳排放增长的重要性。香港科技大学的 Vincent 等[68]研究开发一种用于高层建筑塑性碳定量分析的方法，用于评估不同采购策略（例如，材料制造工艺的选择，回收废钢和水泥替代品的数量，以及来源地点）对普通高层建筑碳排放的影响。为了准确评估住宅建筑的生命周期碳排放量，发达国家已经建立了多个建筑层面的碳排放数据库和相关的计算系统，但这在中国仍然是一个空缺。为了填补这一空白，东南大学的 Li 等[69]基于生命周期评估（LCA）理论与标准化碳排放计算方法，在收集和编制中国现有的众多碳排放系数后开发了一种名为"中国住宅建筑碳排放量估算器"（CEERB）的住宅建筑物生命周期碳排放自动估算器，它在估算住宅建筑的生命周期碳排放量方面具有较好的适用性。

基于 BIM 技术计算建筑碳排放也是一种正在探索的模式。华中科技大学的 Li 等[70]将 BIM 技术与碳排放和能量分析工具相结合，探索建筑信息模型（BIM）技术计算建筑物碳排放的计算模型，提供了建筑物碳排放的定量计算方法，并提出了将 BIM 技术与低碳研究相结合的方法，以供在整个施工过程中实时计算材料消耗量和碳排放量，实现了计算建筑施工阶段碳排放量的确定需求，以便更好地决策优化施工方案，并适当选择低排放材料。埃及开罗大学的 Marzouk 等[71]结合案例研究提出了一个基于 BIM 的模型，可以估算六种类型的排放，包括：温室气体、二氧化硫、特定物质、富营养化颗粒、臭氧消耗颗粒和烟雾，可以计算建筑活动产生的直接和间接的排放总量。

虽然建筑碳排放的测算方法有很多，但目前已有研究成果在清单分析和条件假设上差别较大，缺乏统一的计算模型和评价标准。且研究多针对住宅建筑，对建筑使用阶段讨论较多，其他建筑类型以及针对建筑全生命周期的碳排放测算数据较为缺乏。本书在已有研究成果上确定钢筋混凝土构造的碳排放系统边界，构建全生命周期视角下的钢筋混凝土构造碳排放测算 SimaPro 模型，并结合住宅、医院、商业以及学校建筑案例进行实证测算，为低碳建筑研究提供样本案例参考。

1.3.4　SimaPro 及其在建筑碳排放研究中的应用

SimaPro 软件是由荷兰 Leiden 大学于 1990 年开发出来的，现今最新版本为 SimaPro 8.5。该软件最大特点是整合不同的数据库，将不同来源的数据分级储存，因此兼顾实用性与保密性，对于环境影响评价可利用特征化、标准化及权重的方法进行分析和对比。SimaPro 软件拥有几个透明的清单数据库、上万个工序，以及最重要的影响评估方式，它可以应用于各个领域的研究。在 SimaPro 软件的使用方面，国内外很多研究人员都在机械、食品、产品、建筑等领域都使用过 SimaPro 软件进行研究分析，该软件的数据库与最终分析结果都被广泛认可。

国外在建筑领域较常使用 SimaPro 软件进行环境影响评估分析，如 Steele 等人[72]利用 SimaPro 软件对某个桥梁工程做了环境影响评估，并提出了如何解决环境问题的观点。Giri 和 Reddy[73] 使用 SimaPro 8.0 软件相关数据库和影响评估方法进行生命周期评估（LCA），通过考虑包含原材料采购、施工、维护和拆除工作的两个系统的各种生命周期阶段，对悬臂墙和 MSE 墙进行环境影响评估，发现 MSE 墙比悬臂挡土墙更加环保可持续。Yay[74]通过对萨卡里亚的实地调查，结合 SimaPro 8.0.2 软件的内含数据库和图书馆数据库，获取了系统边界，包括城市固体废物的收集和运输、MRF 处理、焚烧、堆肥和填埋的整个过程。Yay 从生命周期的角度建立了一个城市固体废物管理系统的环境表现完整流程，证明了 LCA 是一个有价值的工具，可以帮助管理者制定一个综合的废物管理战略，提供比环境战略建议更可取的成果。Danielle 等[75]使用 SimaPro 7.3 软件和生命周期影响评估方法 IMPACT 2002＋（版本 Q2.2）对巴西常用的三种不同的墙体类型（陶瓷砖、混凝土砖和现浇钢筋混凝土外墙墙壁）的环境性能进行了不同的敏感性分析，研究结果显示陶瓷砖墙比混凝土砖和现浇钢筋混凝土外墙对三个不同终点指标（气候变化、资源枯竭和取水量）的影响较小。Marta[76]以 SimaPro 8.0 软件为工具，对缺陷产品管理基础上的新产品设计决策过程进行了分析，以一个 IT 解决方案的例子指出 SimaPro 8.0 在公司处理设计的新产品和有缺陷产品的决策过程中的用处。Homagain 等[77]使用 SimaPro 软件对基于生物炭的生物能源生产及其土地应用进行了全面的生命周期成本评估（LCCA），研究发现基于生物炭的生物能源生产系统在生命周期分析系统范围内的经济可行性直接取决于热解、原料加工（干燥、研磨和造粒）成本以及现场收集的成本。而在国内，江九龙[78]在其硕士论文中使用 SimaPro 软件对郑州某高层住宅建筑项目的主体结构进行生命周期评价，分别讨论了不同材料和不同阶段的能源消耗和污染排放，其评价结果可为其他建筑的生命周期评价提供参考。吉晓朋等[79]依据生命周期评价理论并结合 SimaPro 软件以及 Eco-indicator 99 理论计算方法，对某高层住宅建筑项目的主体结构进行了生命周期评价，找出影响类型的主要贡献因素，并对主要的环境影响阶段和影响类型提出改进措施。此外，崔璨[80]参考国内外现有 eBlance、Gabi 与 SimaPro 等 LCA 评价软件，设计了专门针对中国道路的生命周期评价软件，但软件只是初步开发，有待于进一步升级。

从国内外对 SimaPro 软件的应用中可以得出，以 LCA 为理论基础结合 SimaPro 软件而得出的钢筋混凝土构造全生命周期碳排放测算方法，其计算分析结果具有高效性以及可靠性。

1.3.5　文献述评

欧美发达国家在建筑碳排放领域的研究及实践较为成熟，已经形成了一定的理论体系，但在我国该领域的研究及实际应用尚显贫瘠，因此西方国家在建筑碳排放方面的研究成果的广泛应用经验值得国内建筑业学习和研究。此外，国际上有少数国家制定以及使用了建筑生命周期的碳排放评估。然而，研究建筑拆除以及建筑垃圾处理回收的国家或组织也较少，其关于钢筋混凝土构造的 LCA 碳排放测算方面的研究依然需要大量投入。

在建筑碳排放测算方法方面，国外对于建筑 LCA 的碳排放研究较为成熟，对于 SimaPro 软件的应用也非常普遍，因此国外的建筑碳排放测算方法也比较健全，但在国内尚处于起步阶段，而建筑物碳排放的研究是当下对节能建筑要求提高后的必然研究趋势，因此该研究技术具有良好的发展前景。我国缺少全生命周期视角下钢筋混凝土构造内的碳排放基准测算，在规划设计阶段，低碳规划和新能源技术发展水平不高；在施工阶段，系统性的新型建筑工业化政策仍然缺位；在运维阶段，建筑能耗的考核标准模糊；在建筑拆除阶段，建筑垃圾的资源化利用水平仍待提高。

国际上针对交通基础设施的环境排放评估研究中，以公路、铁路以及桥梁等基础设施的碳排放为主，并且以其建设期的施工碳排放计算居多。然而，其对碳排放的评估指标也还未有统一标准，最常用的是碳排放总量以及单位功能长度碳排放量。但由于交通基础设施种类与功能的要求不同，交通基础设施整体项目或单位功能长度的涵盖面也不尽相同。以碳排放总量或单位功能长度的碳排放量为指标很难为其他不同体量的案例测算进行参考。因此本书以单位功能面积的环境排放量为评价指标，其环境评估测算结果更具有参考性。与此同时，大多数研究没有全面评估交通基础设施的环境影响。完整的环境排放评估，应同时考虑工程项目的温室气体排放以及其对环境的影响贡献度。本书引入综合性环境排放评估，更能合理地反映交通基础设施项目的环境影响效应。

因此，本书的研究以现代最常见的钢筋混凝土构造为例，基于全生命周期理论，以 SimaPro 软件为工具，以此为全生命周期视角下钢筋混凝土构造的碳排放测算方法，通过对四种民用建筑及三种类型的交通基础设施钢筋混凝土构造物的碳排放测算对比研究，并根据测算结果有针对性地提出建筑节能减排方案，实现碳排放或治理成本的科学核算，推动低碳建筑发展，实现国家节能减排长效机制，具有重要的研究意义与研究价值。

1.4　研究内容、目标及创新点

1.4.1　研究内容

本书使用生命周期评估（Life Cycle Assessment，LCA）来评价四种类型的钢筋混凝土构造（住宅、医院、商业及学校）与三种类型的交通基础设施（桥梁、铁路、公路）的全生命周期的三个阶段：物化阶段、使用及运营阶段以及拆除回收阶段的碳排放趋势，并根据研究分析结果提出碳减排改善方案。确定全生命周期视角下钢筋混凝土构造的碳排放计算标准，指导进行节能改造，以求达到国家的节能目标值，保护环境。意在指导构建全生命周期视角下钢筋混凝土构造的碳排放标准，逐渐形成行业强制性技术标准，使钢筋混凝土构造低碳标准在全生命周期内都发挥应有的价值。

1.4.2　研究目标

（1）确定钢筋混凝土构造在物化阶段、使用及运营阶段以及拆除回收阶段的全生命周期内的碳排量趋势。

本书将 LCA 原理用 SimaPro 软件和 BEES＋的方法量化表达，确定钢筋混凝土构造物化阶段、使用及运营阶段、拆除回收阶段的全生命周期内碳排放趋势，可以补充国际上制定以及使用生命周期碳排放评估、研究建筑与交通基础设施拆除、建筑垃圾处理回收以及钢筋混凝土构造的 LCA 研究等方面的研究空白。

（2）分析钢筋混凝土构造建筑物全生命周期中能耗最大的过程，对比不同类型的钢筋混凝土构造的碳排放分析结果，提出钢筋混凝土构造生命周期内各阶段的碳减排改善方案。

利用 LCA 原理分析钢筋混凝土构造全生命周期中能耗最大的环节，根据研究分析结果有针对性地提出钢筋混凝土构造全生命周期内各阶段碳减排改善方案，有望推动我国的节能减排事业进一步发展。

（3）确定行业内钢筋混凝土构造物化阶段、使用及运营阶段、拆除回收阶段的全生命周期内碳排放标准测算方法，以期形成行业碳排放计算标准。

我国建筑碳排放及交通基础设施碳排放的测定暂未形成一套标准的计算体系，本书可确定钢筋混凝土构造全生命周期内各阶段碳减排标准，为我国建筑碳排放的测定标准的进一步研究做贡献，推动我国节能管理事业，以求达到国家的节能目标值。

1.4.3　研究创新点

（1）提出了一个新的适用于多类型钢筋混凝土构造的环境排放评估指标。

我国建筑与交通基础设施项目的环境排放暂未形成一套完善的标准测算体系。目前虽然环境排放测算方式多种多样，如排放因子法等，但是现有研究中，在清单分析和条件假设方面存在较大差异，环境排放的评估指标也还未形成统一标准。例如，对于交通基础设施而言，最常用的是碳排放总量以及单位功能长度碳排放量。但由于交通基础设施种类与功能要求的不同，其整体项目或单位功能长度的涵盖面也不尽相同，以碳排放总量或单位功能长度的碳排放量为指标很难为其他不同规模的案例测算提供参考。本书提出以单位功能面积碳排放为评估指标，将手工计算与软件应用相结合，操作更为灵活；以智能化的计算方法结合实际项目工程数据，排放源把握精准、具体，大大提高了分析结论的精度，可测算出钢筋混凝土构造全生命周期内各阶段碳排放量。该指标适用于多种类型的交通基础设施工程项目碳排放评估，同时也适用于建筑工程，可在桥梁、公路以及铁路等相关领域大力推广。

（2）首次将 LCA 原理与 SimaPro 评价系统及 BEES＋方法相结合提出一个改进的钢筋混凝土构造环境影响评价模型。

现有研究缺乏对 LCA 内钢筋混凝土构造碳排放进行系统性量化的分析，SimaPro 评价系统也未开发拓展至桥梁工程、公路工程、铁路工程等领域。本书首次将 LCA 原理与 SimaPro 评价系统及 BEES＋方法有机结合，提出了一个改进的钢筋混凝土构造环境影响评价模型，确定了建筑与交通基础设施在物化阶段、使用及运营阶段以及拆除回收阶段的全生命周期内各个阶段碳排放量，得出全生命周期各个阶段影响碳排放的关键因素。模型可将钢筋混凝土构造的生产流程调整并标准化，把原材料通过不同运算程式对环境的冲击进行比较。经过资料库及运算程式，可以量化并得出钢筋混凝土构造排放物的输出量，包括各种污染物的输出量以及各种温室气体的排放量。模型可以定量化和可视化地展示各部分输入的能源与物料的分支，使得能源与物料对环境的冲击能得到快速地判断，其结果比当前评价流程所得结果更具有直观性、全面性与科学性。

（3）提出了一套针对钢筋混凝土构造碳排放源头追溯的节能减排方案。

随着国家节能减排工作推进力度的加强，亟需更有针对性的节能减排方案。现有的各种方案并未细分材料对碳排放的影响。本书测算了钢筋混凝土构造中各种主要建材的碳排放值，分析了不同材料对碳排放的贡献度，并据此提出节能减排措施。本书把钢筋混凝土构造全生命周期划分为三个阶段（物化阶段、使用及运营阶段以及拆除回收阶段），把节能减排方案追溯到各种材料的使用，将原来只能按照大方向宽泛地阐述节能减排措施落实到原材料选择及工艺流程安排上，较好地实现了节能减排措施的前置落实。本书以碳排放测算结果分阶段对钢筋混凝土构造提出节能减排方案，使工程项目全生命周期内较为全面且行之有效的节能减排措施得到落实，更好地指导钢筋混凝土构造的低碳化、绿色化建造。

（4）明确了政府在钢筋混凝土构造节能减排方面的角色与系统职责，提出了一系列推进低碳发展的政策建议。

目前，国内钢筋混凝土构造减排工作主要集中在使用及运营阶段，对其他阶段的减排工作则分散在不同领域的节能减排政策中，如：建造技术、工业节能以及废弃资源利用等领域。这些政策的分散，以及政策监管部门协调的缺乏，导致这些传统的节能减排政策无法更加系统地统筹规划，无法实现钢筋混凝土构造全生命周期能源消耗达到最优化，从而无法最大程度减小环境影响。政府作为政策制定者，需要提供必要条件并创建一个能促进节能减排的新技术、流程和商业模式广泛应用的友好型创新环境，以推动低碳发展。本书分析政府所担当的三个关键角色：智能监管者、长期战略规划师和孵化者以及具有前瞻性的项目业主，明确了政府在节能减排方面的系统职责，在此基础上提出推进低碳健康发展的相关政策建议。

1.5　研　究　方　案

1.5.1　研究方法

1. 比较分析法

欧美发达国家在建筑节能领域的研究及实践较为成熟，已经形成了一定的理论体系，碳减排改善方案的广泛应用经验值得学习和研究。通过对比分析国内外现有的碳排放研究及碳排放测算方法，广泛查阅国内外文献资料，对国内外相关理论体系进行梳理和分析，明确碳排放测算等研究现状与不足，采用最有效的钢筋混凝土构造碳排放测算分析方法，确定研究角度和研究工具，使得研究建议更具有科学性。

2. 归纳演绎法

从宏观处入手，调研国内多种类型钢筋混凝土构造的材料清单，确定全生命周期内钢筋混凝土构造碳排放趋势及碳排放测算方法。从微观角度以多种类型的钢筋混凝土（Reinforced Concrete，RC）建筑为例进一步论证其准确性。通过微观与宏观相结合的分析，归纳出此方法是在全生命周期视角下对钢筋混凝土构造碳排放测算更适合的方法。

3. 案例分析和典型调查

通过典型调查，调研国内钢筋混凝土构造材料清单，把得到的大量数据材料进行统计分类，再利用 SimaPro 软件，采用 BEES＋的方法，根据 LCA 原理，以住宅、医院、商业及学校四种类型的建筑以及桥梁、铁路及公路三种类型的交通基础设施为典型案例，计算出数量分析结果，用于支持研究。

4. 理论分析法

对前人关于钢筋混凝土构造的碳排放、建筑碳排放测算方法相关方面的研究理论，进行分析借鉴，吸其精华，探索其规律性，从而指导本书的研究。

1.5.2 技术路线

本书通过问卷调查的方法，获得七种类型钢筋混凝土构造（住宅、医院、商业、学校、桥梁、铁路及公路）的工程量清单；通过大量阅读国内外相关文献，结合 LCA 原理及 SimaPro 软件和 BEES＋方法，确定全生命周期视角下钢筋混凝土构造的碳排放测算方法；使用 Excel 进行清单数据整理，获得 SimaPro 软件计算所需数据；通过构建全生命周期视角下的钢筋混凝土构造碳排放测算 SimaPro 模型，对获得的七种类型钢筋混凝土构造的数据进行清单分析及影响评价；并根据研究分析结果提出碳减排改善方案。

本书的整体思路遵循"发现并提出问题—分析问题—收集数据—实证研究—解决问题"这一求解问题的客观规律，综合运用上述研究方法制定如下技术路线图（图 1-1）：

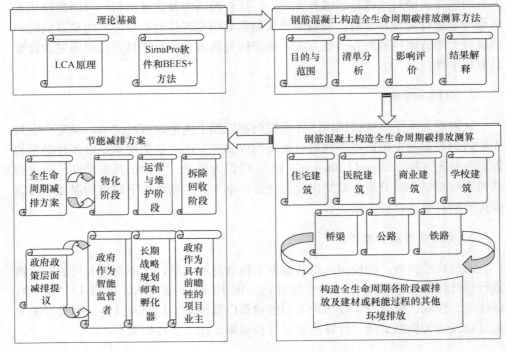

图 1-1　技术路线图

1.5.3　关键技术

（1）通过大量阅读国内外相关文献，结合 LCA 原理及 SimaPro 软件和 BEES＋方法，确定行业内钢筋混凝土构造物化阶段、使用及运营阶段、拆除回收阶段的全生命周期内碳排放标准测算方法，以期确定行业碳排放标准。

（2）通过构建七种类型的钢筋混凝土构造的各阶段碳排放 SimaPro 分析模型，确定钢筋混凝土构造在物化阶段、使用及运营阶段以及拆除回收阶段的全生命周期内的碳排放量趋势。

（3）根据影响评价结果，分析七种类型的钢筋混凝土构造生命周期中能耗最大的过程，提出钢筋混凝土构造生命周期内各阶段的碳减排改善方案。

第二部分　环境影响评价方法

2 环境影响评价软件

2.1 SimaPro 简介

本书运用 SimaPro（System for Integrated Environmental Assessment of Products）分析软件进行环境影响评价，SimaPro 软件的主要目的是简化生命周期评价的流程以及图标量化数据，并且系统各过程的分析结果都以简单明了的流量方式表现出来，节省了使用者大量宝贵的研究时间。该软件的开发者是荷兰莱顿大学环境科学中心（CML），以生命周期的观念来改善产品设计，进而达到保护环境的目的。该软件于 1990 年首度完成推出，现今版本为第八代，本书使用较新一代产品 SimaPro 8.3。值得一提的是该软件每次的更新，都会保留一些旧的分析评价方法，比如现已淘汰的 Eco-indicator 99 方法，依然留着供后来使用者参考对比。

SimaPro 软件系统既能对环境影响进行评估，也能很便利地为使用者提供生命周期调查的资料，同时使用者还能使用不同的评价方法和不同的过程组合对环境影响评估进行对比。软件除了针对各种环境影响可以建立一个环境指标外，还以树形图清楚地表示环境负荷，即由树形图清楚地表现出各个输入的能量与物料的分支，并在各项分支的子系统中以衡量的方式，依据类似像温度计的表达方式，快速地判断该物料及能量对环境的影响，该软件功能齐全且数据库不断更新，综合而言，它是一套功能比较强大的软件，是目前 LCA 软件中较好的选择。本书使用 SimaPro 8.3 版本，其主界面如图 2-1～图 2-4 所示。

2.2 功 能 介 绍

SimaPro 软件包括视窗环境、图形界面。资料库允许多样输出流程，各流程可以直接联结，减少处理程序，其资料库格式符合 SPOLD 格式（新的 LCA 资料格式标准），使资料与文件以更结构化方式呈现。SimaPro 软件可以建立完整的生命周期评估模型，在系统过程中清单分析与影响评价的各个阶段，可以选用不同的过程组合，得出结果进行对比论证。在清单分析的过程中，每一个过程都能进行一个简单分析，可供使用者进行局部参考借鉴，到最后过程组合时能在全生命周期模型里进行完整分析计算。

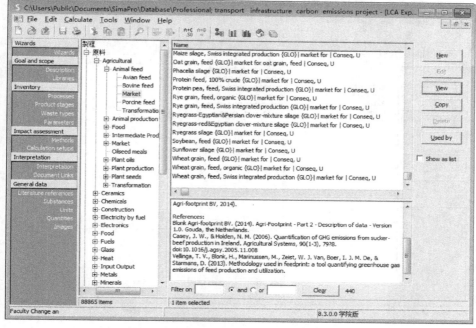

图 2-1　SimaPro 8.3 软件主界面（制程）

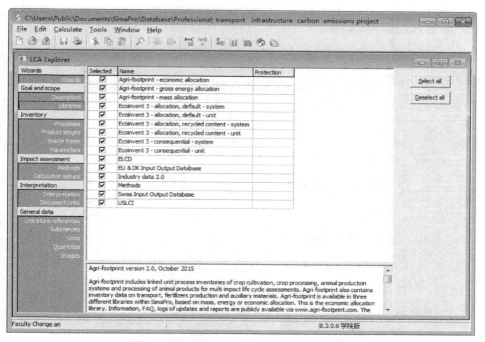

图 2-2　SimaPro 8.3 软件主界面（数据库）

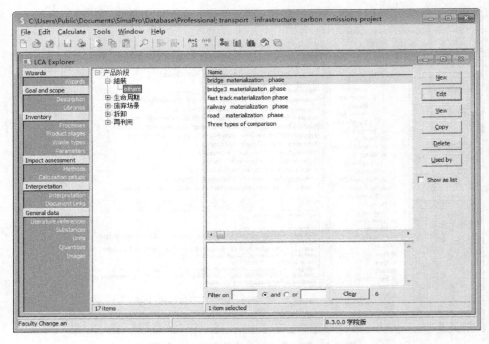

图 2-3　SimaPro 8.3 软件主界面（产品阶段）

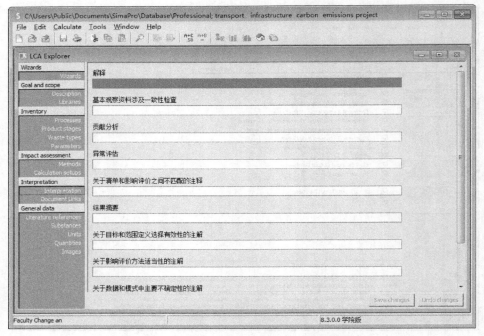

图 2-4　SimaPro 8.3 软件主界面（结果解释）

该软件主要由六大部分组成，即向导、目标与范围、清单、影响评价、解释以及常规数据。首先介绍向导，已经定义好的向导比如"咖啡指导/Guided Tour (with coffee)"，运行它，向导通过浏览一些界面来阐述 SimaPro 软件的基本功能概况，如图 2-5 所示。

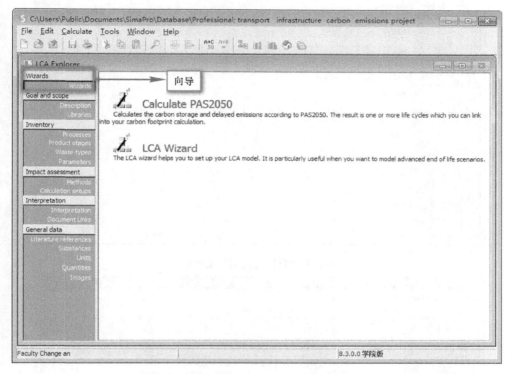

图 2-5　LCA Explorer 之向导

第二部分是"目标与范围/Goal and scope"，这个部分包括"说明"与"库"两个部分，可以通过在此处对项目进行目标与范围的描述，并且选择所需要的资料库，如图 2-6 所示。

第三部分是"清单/Inventory"，可以通过这部分查看数据库中提供的过程范围，并且可以查看某个过程是如何定义的。在这个部分录入项目的所有清单，录入排放物等以及其他输出，选择产品过程的组装，即建模过程，如图 2-7 所示。

第四部分是"影响评价/Impact assessment"，SimaPro 软件提供多种评价方法，有欧洲的 CML-IA baseline、EPS2015d、EDIP2003 等，也有南美的 BEES＋、TRACI2.1 等，还有已经作废了的 Eco-Indicator99、Eco-Indicator95、Eco-points97 等。使用者可以根据所需要的结果选择评价方法，对生命周期模型进行

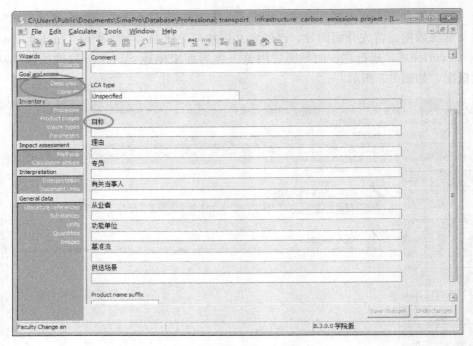

图 2-6　"目标与范围"菜单栏

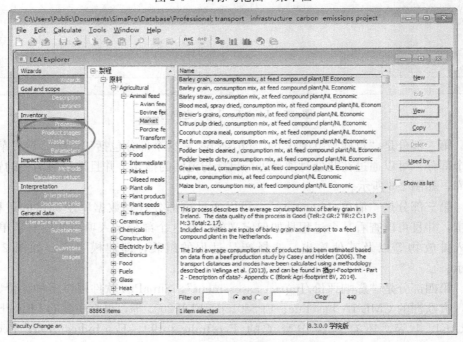

图 2-7　"清单"菜单栏

评价，可以单选一种评价方法，也可以选择多种评价方法进行结果对比论证。该软件的使用界面简洁明了，为入门者提供向导评价模式进行参考学习，并且分析结果可以自动生成评价工艺流程图，使得使用者与其他人都能容易理解。数据处理结果以图形化方式表现，可以直观地描述各过程或工序对整个产品或材料的环境负荷的贡献率。该软件也正在将技术、经济分析引入到评价体系中，最新系统中包含数据不确定性分析和敏感性分析。系统在这个部分对各个因子对环境的影响进行描述，得出采用多种评价方式进行影响评价的结果，并能在这里可以观察到完整的网络，如图 2-8 所示。

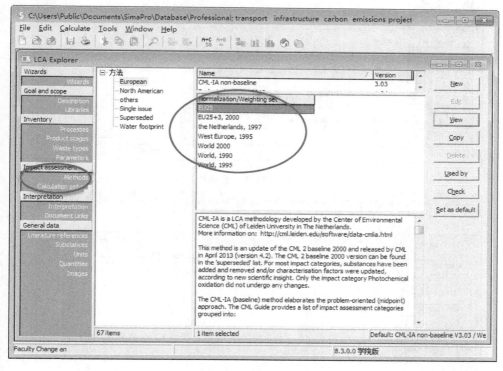

图 2-8　"影响评价"菜单栏

　　第五部分是"解释/Interpretation"，一般来说，LCA 的目的是得出结论，一个可以支持的决定，或者可以提供一个基础的观点。这意味着，得出结论的任何 LCA 过程都是很重要的步骤。在这部分会阐述各个物质的贡献分析，并且谈及"清单"与"影响评价"两个部分不相匹配的内容，再对分析结果进行总结，如图 2-9 所示。

　　最后一个部分是"常规数据/General data"，这个部分主要是显示所引用的文献，以及一些单位与量的选取等，如图 2-10 所示。

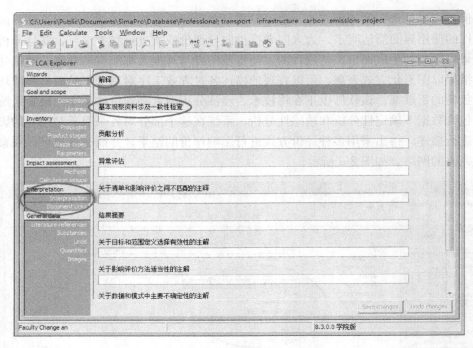

图 2-9　"解释"菜单栏

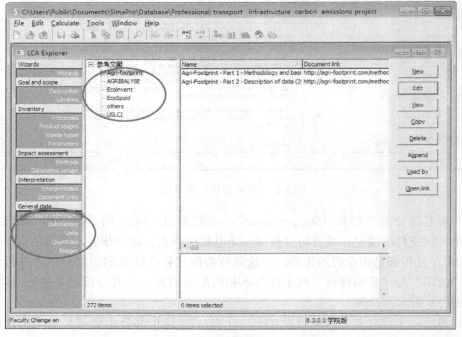

图 2-10　"常规数据"菜单栏

2.3　数　据　库

SimaPro 软件有着丰富的环境负荷数据库，如 ETH-ESU96（能源、电力制造、运输），BUWAL 250（包装材料的产品、运输、销售及最后处置方面），IDEMAT 2001（不同材料、工艺和工序的工业设计方面），Franklin US LCI（美国日用品和包装材料），Dutch concrete（水泥及混凝土），IVAM（用于建筑部门的超过 100 种材料和 250 个工艺生产的有关能源和运输方面），FEFCO（欧洲造纸业方面）等；本书的数据库来自数据库与收集数据，数据库包含有 Agri-footprint、Ecoinvent、ELCD、USLCI 等多个数据库，如图 2-11 所示。

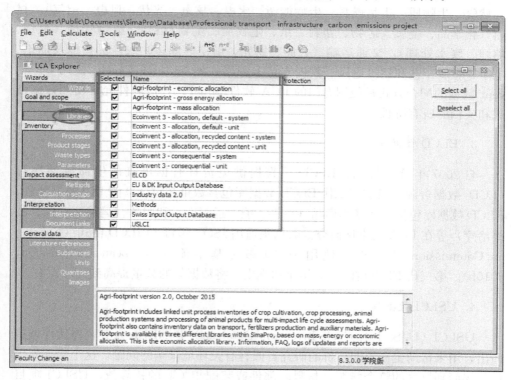

图 2-11　LCA 数据库

1. Agri-footprint 数据库

Agri-footprint 是一个农业和食品行业的高质量的主要的生命周期库存（LCI）。它涵盖了农业产品、食品以及使用生物质的数据和生命周期评价（LCA）。数据库包含大约 3500 种产品和工艺。Agri-footprint 被食品行业所广泛接受，也受到 LCA 社区、科学界和各国政府的青睐。

2. Ecoinvent 数据库

Ecoinvent 数据库（Ecoinvent database）是目前的生命周期清单数据（Life cycle inventory data）来源，在全球有超过 40 个国家的 2500 个以上用户。Ecoinvent 数据用于：生命周期评价 Life Cycle Assessment（LCA）、环境产品声明 Environmental Product Declaration（EPD）、碳足迹 Carbon Footprinting（CF）、综合产品政策 Integrated Product Policy（IPP）、生命周期管理 Life Cycle Management（LCM）、面向环境设计 Design for Environment、生态标签 Ecolabelling 和其他应用。Ecoinvent 数据含生命周期清单，有能源（电力、石油、煤炭、天然气、生物质、生物燃料、生物能源、水电、核电、光伏、风电、沼气），材料（化学品、金属、矿物、塑料、纸、生物质、生物材料），废物管理（焚烧、填埋、废水处理），交通运输（公路、铁路、航空、船运）农产品，以及加工、电子、金属工艺和建筑通风。数据支持多种格式如 XML 或 Excel。使用 Ecoinvent 数据的配合方式是使用专门的 LCA 软件 SimaPro，该软件允许使用数据格式和文档的所有特长。

3. ELCD 数据库

自 2007 年首次推出，ELCD 一直提供免费且有据可查的生命周期库存（LCI）数据资源。当前第二代 ELCD 数据库包含数量超过 300 的 LCI 数据流程。ELCD 数据库包括许多基本商品（材料、能源运营商）和服务（运输、仓储、临终治疗）等在 LCA 的常用研究。数据集适用 ISO 14044 和 ILCD 格式（European Commission，2010d），使用 ILCD 参考基本流（European Commission，2010b）。第三代 ELCD 在 2013 年年初推出，将数据集的数量提高到 440 左右。

4. USLCI 数据库

USLCI（U. S. Life Cycle Inventory Database）是 NREL 及其合作伙伴创造而出，用来帮助生命周期评价的研究者回答有关环境影响的问题。这个数据库提供从摇篮到坟墓的整个能源、材料、部件或装配相关联的核算流。USLCI 项目数据库旨在维护数据的质量和透明度；覆盖大多数最新常用材料、产品和工艺。

2.4 使 用 方 式

SimaPro 的 LCA 研究包括四个主要步骤：

步骤 1：定义研究的目标和范围。

步骤 2：使用所有环境输入和输出创建产品生命周期模型。这个数据收集过程通常被称为生命周期库存（LCI）。

步骤 3：了解所有投入和产出的环境相关性。这一步称为生命周期影响评估（LCIA）。

步骤 4：研究的解释。

SimaPro 还提供了咖啡机的例子来演示一些关键特性，可以通过案例来学习建模分析的流程。当然很多案例都只显示分析的结果，即进行生命周期评估所需要输出的数据，可以根据这些来进行需要的输入操作。

接下来介绍 SimaPro 的使用方式。

2.4.1　LCA 视窗

左侧的条目叫做 LCA 视窗（LCA Explorer）该视窗提供了通向所有 Sima-Pro 功能的入口。在视窗的上部包含了项目及库的数（Project or library specific data）；下部包括含通常不储存在项目或者库中的基本参数（General data）。工具条中的按钮包括了常用的执行命令（图 2-12）。

屏幕左边 SimaPro 视窗提供了所有数据类型的入口。在屏幕的顶部可以找

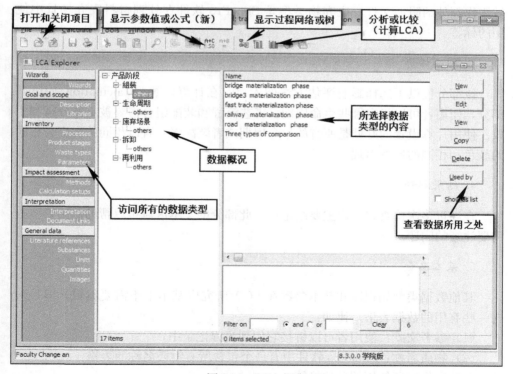

图 2-12　LCA 视窗

到常用的控制命令。请注意这里显示的一些功能在软件的简易版或者分析版中不可用（在最高级开发版中可以）。

SimaPro LCA 视窗为 LCA 提供了一个清单结构，使用者可以按照清单中所定义的次序输入或者编辑数据。然而，LCA 是一个反复的过程，这意味着需要多次重新审核早先的步骤。在输入初始数据到模型中的初级计算能够初步判断在生命周期中哪些部分或者过程是最相关的，从而需要进一步的关注。在编辑数据库之后，需要检查一下所有的结果是否合理并且可解释。这意味着需要多次浏览目标与范围、清单和影响评估部分。

1. 描述目标与范围

在描述部分，存在大量的文本区域。在 SimaPro 软件中，这里提供了描述目标和范围，数据库是存储标准数据和标准影响方法等资源的地方。使用者可以选择自己认为与此研究要求相关的数据库。

2. 清单

该部分提供了不同工艺流程和产品阶段的入口。在某些流程中，系统描述可被用作额外的附加文件。废弃物类型是 SimaPro 软件在处理材料废弃场景中使用的标签。

3. 影响评价

该部分提供了选择影响评估方法的入口。在计算设置（Calculation setups）部分，使用者可以指定哪些生命周期、工艺流程和装配组合需要被重复分析和比较。使用计算设置的好处是所有的生命周期或者装配将一直以相同的次序、相同的颜色和相同的比例出现。

4. 结果解释

在经过多次检查并得出主要结论后，此部分的文本区域可以帮助使用者核查需要注意的问题。

5. 基本参数

其他数据类型如程序和基本参数在 LCA 研究中基本上不需要编辑，但是包含一些有用的数据表格，比如：

（1）参考文献：使用者可以链接它们到流程记录中；

（2）物质名称：SimaPro 软件中有一个包含所有物质名称的表格；

（3）向导中所使用的单位换算；

（4）单位及数量：它们应用在 SimaPro 软件的其他部分。

2.4.2 输入及编辑数据

LCI 阶段工作的核心是建立一个用以描述一个生命周期中所有相关工艺流程的流程树。

SimaPro 软件中的数据结构包含两个不同的构造单元：

（1）流程（Processes）是包含环境数据以及经济输入输出数据的流程树构造单元。

（2）产品阶段（Product stages）不包含环境信息，但是它们描述了产品和生命周期。

产品阶段的使用是 SimaPro 独有的功能，在该阶段进行产品数据的输入及编辑，可进行复杂产品和生命周期的建模。

2.4.3 流程

在 SimaPro 中，一个流程包含以下方面的数据信息：

1. 环境和社会流（Environmental and social flows）

（1）对空气、水和土壤的排放；

（2）固体废弃物（最终废气流）；

（3）非物质形式的排放，像辐射和噪声；

（4）原材料的使用；

（5）社会影响。

2. 经济流（Economic flows）

（1）来自其他流程（在数据库中描述的其他工艺流程）的输入；

（2）输出：每一个流程必须有一个，并且可以有多重的经济输出（在 SimaPro 中指产品）；

（3）需要进一步处理的废弃物输出，像污水处理厂、焚烧炉等；

（4）扩大系统边界，这是解决分配问题的方式之一；

（5）经济影响。

3. 记录（Documentation）

（1）一个拥有大量文本区域的单独选项"文档"，可用以记录，像名称、作者、日期及一般性的注释评论等；

（2）一些数据质量指标（DQI）区域，让使用者更快了解一些方法上的选择是如何做出的；

(3) 系统描述：一个单独的选项用以描述数据定义时所涉及的背景模型。

4. 参数（Parameters）

(1) 常数参数：可以在流程、项目以及数据库层次上被定义；

(2) 表达式：使用者可以定义参数之间的相互关系，可以使用大量的数学功能。

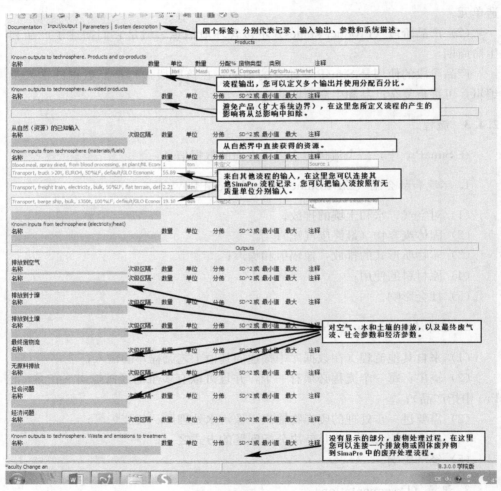

图 2-13 SimaPro 流程树的基本构成元

数据库中所定义的流程是以它们的输出为索引，流程之间相互链接以形成网络（图 2-14）。SimaPro 中的流程链接并不是通过图形在用户界面上显示，而是在过程记录中被定义，这样做的优势是链接自动维护，并且在处理大流程结构的时候节省大量的时间。

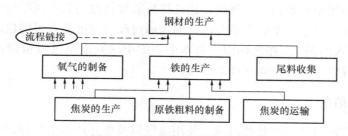

图 2-14　形成流程树结构示意图

　　流程记录可以描述单元流程，它描述了一个单一的流程步骤，同时系统过程描述了一系列的单元过程。从增强透明度的角度出发，描述一个产品系统最好使用单元流程。Ecoinvent 数据集提供了两种版本：系统流程版本和单元流程版本。

　　选择一个过程或者产品阶段，按下"　"按钮，可以得到一个网络结构图。在一个网络中，每一个流程仅出现一次，而不管它被其他流程使用了多少次。图 2-15显示了流程结构中可以包含的循环，该图是一个铁路运输的例子。另外，在流程中一个指标被用来显示环境负荷的相对贡献。

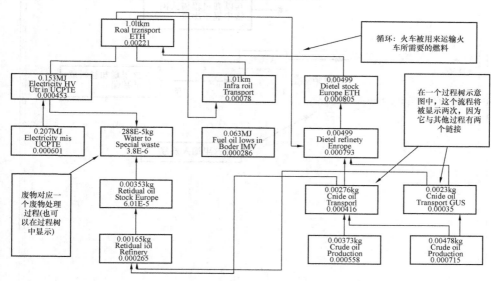

图 2-15　包含循环流程的网络示意图

　　通常所需要的流程已经存在于库中。这种情况下，可以把项目中的流程记录与库中的一个流程记录做链接。不必把库中的流程拷贝到项目中来，当然这样做意味着项目的数据需要依赖于库数据。也可以建立当前项目和其他项目链接。但是，在库内部无法建立链接，目的是为了保持库之间的相对独立性。

　　如果要对库中的数据进行修改，建议拷贝需要修改的数据到项目中，然后在此基础上修改。这是一个非常重要的，因为通过改变库的数据可能也改变了其他项目中的 LCA 结果。（在低端用户版本中，库中的数据不可以被修改，在多用户版本中仅仅管理员可以做这样的修改）

2.4.4　产品阶段

　　产品阶段用以描述产品的组成、使用阶段以及废弃产品的处理途径，每一个产品阶段涉及多个流程（图 2-16、图 2-17）。例如，如果定义一个产品包括 1kg 钢，可以与描述钢生产过程的流程建立链接，同时定义 1kg 作为数量。某些产品阶段也能链接到其他产品阶段。

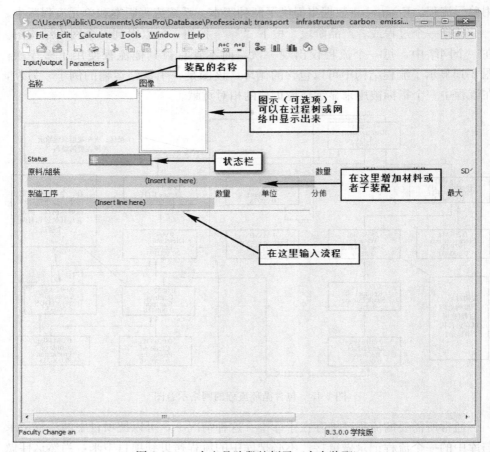

图 2-16　一个产品阶段的例子（含有装配）

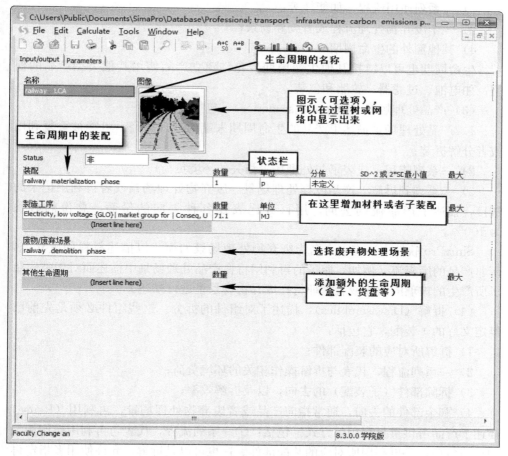

图 2-17　一个产品阶段的例子

在这里有装配（顶部）和生命周期（底部）。生命周期把产品的规格（装配）、使用过程以及终端处理场景全部链接在一起。

有 5 种不同的产品阶段类型，分别有各自的结构：

（1）装配（Assemblies），包括：

1）一个材料和子装配清单列表；

2）一个生产或运输或能源流程列表。

装配可以被理解一个产品的定义。分析装配过程等同于分析一个从摇篮到大门的 LCA。对于复杂的产品，装配可以链接子装配。这允许对包含许多不同部件的复杂产品进行定义。

（2）生命周期（Life cycles）是主要的产品阶段，包括：

1）一个装配，代表产品（该装配可以有子装配）；

2）一系列使用流程，如能耗等；

3）一个废弃物处理流程或者废弃场景；

4）其他额外的生命周期。

生命周期也可以链接其他生命周期，允许建立产品使用其他类型产品的模型，如电池、过滤器、轮胎和包装。

（3）产品处理场景（Disposal scenarios），包括：

1）产品处理场景描述了产品的生命周期末端的处理路径，可能被重复利用或者分解拆装；

2）一系列流程，代表了与处理场景相关的环境负荷；

3）一系列到拆解、产品废弃处理场景、废弃物处理场景或者再利用记录的链接，描述了产品流的去向，用百分比表述各种去向的份额，总份额必须为100%。

SimaPro软件中还有一个名为废弃物处理场景的模式以描述材料的废弃流，而非产品的废弃流。例如，瓶子的再利用将在产品处理场景中描述而对于破碎瓶子所产生的玻璃的回收或者填埋将在废弃物场景里进行描述。

（4）拆解（Disassemblies），描述了对组件的拆分。这些组件必须是先前已经定义好的子装配，它包括：

1）拆解所对应的装配部件；

2）一系列流程，代表与拆解操作相关的环境负荷；

3）拆除部件（子装配）的去向，以及拆解效率；

4）剩余部件的去向，通常指向产品或者废弃物处理场景，再利用（Reuse）描述了产品可供重复利用的方式。包括：①一系列流程，代表与再利用操作相关的环境负荷；②再利用所对应的装配部件。这也可以是拆解，允许使用者指定再利用的部件。

（5）顶部，一个产品阶段叫做生命周期，如图2-18所示，一个生命周期可以链接：

1）一个装配（该装配也许有子装配）。

2）一个或者多个使用流程，在这里是电力消耗。

3）一个或者多个额外的产品生命周期，例如纸张和墨盒。这些额外的生命周期也和一般的生命周期一样被定义。它们也有装配组合以及产品生命周期末期处理阶段。这允许使用者为纸、墨盒和传真机建立一个不同的生命周期末端场景。

4）一个废弃物或者产品处理场景（在这里假设了一个废弃物处理场景）。

5）额外的生命周期。

SimaPro软件可以自动生成如图2-19所示的流程树图（即结构网状图），该

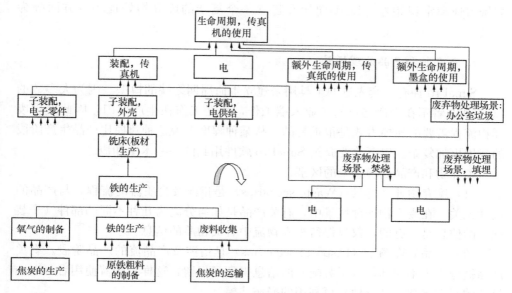

图 2-18　一个传真机的生命周期示意图

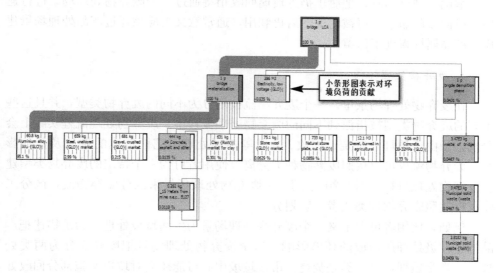

图 2-19　一个流程树的示意图

图不可直接编辑，编辑可以在流程记录或者产品阶段中完成。

2.4.5　废弃物和产品处理场景建模

在 SimaPro 软件中，废弃物和产品处理场景被许多用户认为是更为复杂的步骤之一。一个很重要的原因是该模型与生产模型是上下颠覆的，有时候与日常思维习惯和常识相左。LCA 向导在建立一个复杂的废弃物处理场景方面颇为有效。

1. 废弃物和产品处理场景

SimaPro 拥有一套先进的工具用来建立生命周期终端的模型。因为大多数的 LCA 从业者不在寿命终止的工业末端工作，而是工作在生产部门，因此熟悉废弃物流程需要的建模方式是很重要的。从某种程度上说这种建模比产品生产阶段的建模更加复杂。以下简要介绍 SimaPro 软件用到的一些术语和概念。

废弃物和产品处理场景的区别：

(1) 废弃物处理场景（Waste scenarios）是指涉及物质流的流程，与产品的属性无关。在废弃物处理场景中，有关产品是如何分离为几种不同的部件（子装配）的信息是没有的，仅仅保留废弃物流中有关物质的信息。

(2) 产品处理场景（Disposal scenarios）是指涉及产品流的产品阶段。有关产品被分离为不同部件（子装配）的信息得到了保留，这样意味着使用者可以选择性的对拆解和（部分地）再利用的操作建模。

举例：玻璃回收，把瓶子扔进玻璃回收箱将通过一个废弃物处理场景进行建模。可回收的瓶子，可被清洗然后再利用，通常意义上应该通过产品处理场景建模。产品属性得到了保留。

2. 废弃物处理场景

在废弃物处理场景里，一个废弃物流被划分为不同的废弃物类型，并且这些不同的废弃物类型被指派到不同的废弃物处理流程中。废弃物处理流程实际上会分别记录由于填埋、焚烧、回收、堆肥等不同处理工艺而造成的排放及其他影响。废弃物流也可以按照废弃物种类分离。使用者可为一个特定的废弃物类型建立废弃物处理过程（图 2-20）。用一个废弃物处理场景来区分废弃物流，区分工作可以按照废弃物种类或者一般划分。

例如，使用者可以定义一个废弃物处理场景为生活垃圾处理；为了描述把产品当作垃圾处理所造成的环境影响。这个废弃物处理场景把废弃物分为两类处理：一类是填埋，另一类是焚烧。市政垃圾中心可能还会对垃圾实施部分回收处理，在这里为了案例的简洁起见不做此假设。

当废弃物被焚烧的时候会产生各种不同的排放。通常 LCA 工作者会希望了解产品中的哪一种物质对某种排放直接负责，并且可能想知道排放对物质组成的依赖关系。为了达到这个目的，SimaPro 软件可以把废弃物流按照不同的废弃物种类和材料进行划分（图 2-21）。废弃物的种类通常是如纸、铝、铁、塑料之类的常见物质。对于废弃物处理建模来说了解哪一种废纸意义并不大，因为对于各

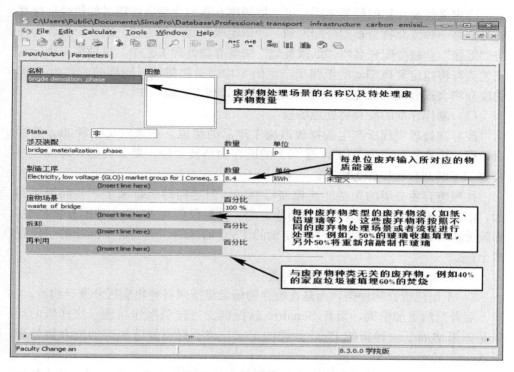

图 2-20　废弃物处理场景

种废纸来说原子结构基本上是一样的。在 SimaPro 软件中，使用者还可以自己定义废弃物的种类并把相关的物质划分到旗下。

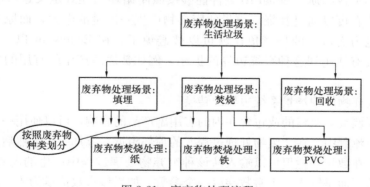

图 2-21　废弃物处理流程

废弃物处理场景定义了废弃物流是如何划分的并将各自接受何种废弃物处理场景或者流程的处理。这种划分可以使按照废弃物或者物质种类进行。一个废弃物处理流程定义了当一种物质被填埋、焚烧或者回收时将发生的情况。

当定义好废弃物的种类之后，可以按照废弃物的分类办法定义如何处理废弃物流。每一种废弃物会被"分配"到一种指定废弃物处理工艺。例如，废弃物种类"纸张"会被分配到名叫"纸张焚烧"的废弃物处理工艺中。这种废弃物处理工艺流程将指定焚烧 1kg 的纸张所产生的平均污染物排放。同样的，名为 PVC 的废弃物会被分配到焚烧 PVC 物质的废弃物处理工艺流程中。

（1）制作详细的废弃物处理场景

废弃物处理流程所产生的排放取决于产品的组成。如果定义一种 2kg 的物质，标记废弃物种类为 PVC，而 50% 的废弃物是被焚烧，那么焚烧处理流程将收到 1kg 的此种物质作为输入。

按照废弃物分类的做法使建模变得简便，但是同时也带来了一些问题。例如，不是所有的 PVC 都含有铅作为稳定剂。如果仅仅有 PVC 这种废弃物种类，那就无法看到含有稳定剂和不含稳定剂的 PVC 的区别。解决这个问题的手段有两个：

1）针对 PVC 创建更多废弃物种类；

2）不创建废弃物种类，而是在废弃物场景里按照各种物质区分废弃物流。

后者当然更加精确，而且 SimaPro 软件也支持这项操作功能。这样做的后果是如果增加了一种新的 PVC 种类的定义，将不得不修改所有的废弃物处理场景。

如何定义废弃物种类和废弃物处理场景取决于如何在精确与可操作性之间的取舍，而这将取决于 LCA 的 U 标和范围。

废弃物处理流程有时候能产生积极的输出，比如从焚烧或者回收处理流程中收获的热量或物质。SimaPro 软件能够按照闭循环的模式定义这些有用的输出。这意味着可以通过焚烧一定量的废弃物产生一定量的电力，而原本生产这么多量的电力而造成的环境负荷就可以被避免了。在 Ecoinvent 以及 ETH 数据库中并没有使用到这种系统边界的扩充，例如焚烧所产生的有用的副产品被忽略了。

（2）废弃物处理场景系统边界的转换

如果要调查被忽略的或包含在内的有用副产品的影响，可以使用一个转换参数：在避免流程中（在"废物处理过程"的顶部附近）添加一栏，然后选择一个电力组合。在数量一栏里可以输入从该种废弃物处理过程中产生的电力。这里，不输入常数，而是输入一个常数乘以一个参数。如果该参数值设为零，该部分电力生产就忽略不计，如果参数设为 1，与电力生产所产生的环境影响部分就被减除了。在 Ecoinvent 流程里，使用者可以在备注栏里找到废弃物处理所产生的电力及热量的估计值。

3. 产品处理场景

在产品处理场景里面产品也被区分对待，有三种方法做到这一点：

（1）被"拆解流程（disassembly）"拆解的产品；

（2）被再利用的产品；

（3）按照废弃物处理场景（如上）处理的产品。

例如，假设设立了传真机回收体系，期望建立如下产品处理场景（图 2-22）：

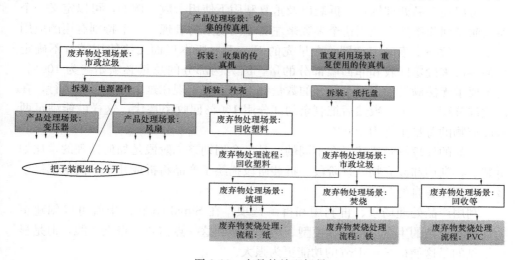

图 2-22　产品的处理场景

（1）50%的传真机没有回收。这就意味着这部分的传真机将被送到废弃物处理场景中作废弃物处理。该场景里可能一部分被焚烧而另一部分被填埋。在填埋、焚烧以及材料回收所产生的排放将在废弃物处理流程中分别描述。

（2）10%的传真机因为条件完好而可以直接被重复利用。在 SimaPro 软件里面可以在再利用的模式里确定再利用所需要的工作（流程、运输等）。Sima-Pro 软件会把重复利用的产品纳入一个封闭的循环模式。通过使用 10%的传真机，满足功能单位所需的传真机生产数量可以相应的减少 10%（这并非意味着实际生产会因此减少 10%，这只是针对相应的功能单位所需要的生产数量的减少）。

（3）40%的传真机在一个专业的拆装工厂进行分解。在 SimaPro 软件里面可以使用一个拆解（Disassembly）记录来指定具体哪一部分零件被拆下来，比如硒鼓（墨盒）、外壳和电源器件。在这里还可以确定这些零部件以及其他部件的最终归宿。通常其他部件会被分配到一个废弃物处理场景中，而那些拆分下来的零部件的归宿需要另外一个产品处理场景来确定，这意味着这时候需要确定一个进一步的分解操作流程。例如，可以在一个拆装场景里指定电源器件由一个风扇、一个变压器和一个电子线圈组成（这时候可能会发现需要对它们进行产品处理场景假设）。

请注意拆分模式只有在正确地定义了产品的子装配组合属性以后发挥作用。所以在这个例子里应该把电源器件正确地定义为子装配，包括风扇、变压器以及点子线圈等部件。

管理回收率上的不确定性：

可以在产品处理场景、拆装以及重复利用下使用参数。例如，可以定义一个参数叫做回收率然后使用这个参数来左右不同场景的表现。一个特别有用的应用是赋予参数一个不确定范围。在早先的 SimaPro 版本里面无法使用带有不确定性的参数来确定回收和非回收部分的量，因为两部分的总量必须始终为 100%。这个要求无法满足如果两个部分的数量都不能确定。现在这个操作可以执行，在回收部分赋予一个参数然后把剩余的部分用 100% 回收率替代，这样就能满足两种废弃物的总量始终为 100%。

产品的处理场景描述了在不同的产品生命周期终端阶段是如何处理的，比如拆装、再利用和废弃物处理阶段。拆装阶段描绘了产品将拆成几个不同的部件以及这些部件各自的归宿。

利用产品处理场景、再利用和拆解选项，在 SimaPro 软件中就可以创建更为详细和复杂的生命周期终端模型。熟练地做到这一点需要一点点实践，但是显而易见的是这使得 SimaPro 的功能更为强大。

因此作为总结，建议实施如下步骤以建立完整的生命周期：

（1）确定一个新的产品阶段类型——组装并予以命名；

（2）确定该产品中涉及的物质，并在装配和流程之间建立相应的链接（在很多情况下这些流程链接本身还会链接到其他流程，SimaPro 软件会自动保留这些链接）；

（3）确定此装配所涉及的生产以及运输流程；

（4）确定一个新的产品阶段类型——生命周期并予以命名；

（5）把建立的装配链接到该生命周期；

（6）输入使用阶段流程，例如分销所需的运输以及能耗，把它们链接到生命周期；

（7）在生命周期阶段里输入废弃物处理场景或者产品处理场景（废弃物处理场景是由流程所组成的，而产品处理场景则是产品生命周期阶段的另外一种类型，废弃物处理场景通常会链接到废弃物处理流程，在产品阶段只需要链接到废弃物处理场景就足够了，SimaPro 软件将自动保留到废弃物处理流程的链接）；

（8）如果使用者需要在生命周期模型里包括额外的产品或者说包装，也可以为这些额外的产品制定生命周期模型，然后把这些生命周期模型链接到现在的模型里。

　　需要在流程和产品阶段类型之间建立链接的操作相对的说是简洁明了的。使用者可以在流程或者产品阶段的适当位置双击然后选择相应的流程和产品阶段类型进行链接就行了。这样做的前提是假设使用者想要的链接已经存在。因此，可以说在 SimaPro 软件中创建流程树的过程是一个从下而上的步骤（建议：在建立流程树之前可以自上而下的把流程树先了解并掌握，包括产品的所有阶段，然后再在 SimaPro 软件中自下而上地把生命周期创建起来，然后 SimaPro 软件会自动生成流程树和开展相应的分析）。

2.4.6　状态栏

　　收集数据不仅仅是一个花费时间的工作，而且流程管理起来也相对比较困难，尤其是因为往往在开始建模的时候并没有所有的数据。这意味着模型经常会混合充斥着草稿状态和完成状态的流程。在大型的 LCA 项目里这可能会变得难于管理。幸运的是 SimaPro 软件有一个便捷的功能帮助使用者。在每一个流程或者产品阶段里有一个状态栏。流程可以有如下的发展阶段：

　　（1）空白（Blank）：当创建一个新的流程或者产品阶段的时候这是默认的状态栏。

　　（2）暂时（Temporary）：这意味着在该流程里输入了一个临时的数据，最终将被取代或者消失。例如，在等待一些数据的时候，使用者可以输入一个估计的数据作为暂时的记录。

　　（3）草稿（Draft）：意味着还没有完成此流程，还在工作中。

　　（4）需要修改（To be revised）：这也是一个草稿状态，意味着使用者还有事情还没做好。

　　（5）需要审核（To be reviewed）：这也是一个草稿状态，但是此时需要一个同事，或者更正式的来自内外部的第三方来检查这个流程。

　　（6）完成（Finished）：完工。

　　当填完这些状态栏之后，可以在流程树或者网络里显示这些状态，只要点击"显示状态"按钮，然后各流程及产品阶段就会显示其各自的状态。

3　环境影响评价流程

3.1　目的和范围的确定

3.1.1　研究目的与范围界定

本书钢筋混凝土构造 LCA 研究的主要目的是研究分析其构造工程从物化（包括原料开采、生产、成品运输与兴建）、运营与维护及拆除回收的碳排量趋势，分析钢筋混凝土构造建筑物生命周期中能耗最大的过程，提出钢筋混凝土构造生命周期内各阶段的碳减排改善方案。钢筋混凝土构造 LCA 研究范围侧重于整个生命周期的评估，包括钢筋混凝土构造工程从物化阶段（产品形成阶段）、运营维护阶段到拆除处置阶段等过程。

3.1.2　相关假设

为确保研究的可行性与客观性，本书把钢筋混凝土建筑的使用寿命假设为 50 年。对于交通基础设施，本书假定其每 12 年进行一次全面维修，生命周期内共进行 3 次。另外，本书假定相关材料运输距离为 20km 或 30km。

3.2　清　单　分　析

本书的清单分析以钢筋混凝土构造原材料的获取为始，以其最终废弃回收处理为终，是对钢筋混凝土构造整个生命周期阶段的资源、能源消耗和向环境的碳排放进行数据量化分析，它是一个不断重复的输入与输出的过程。

本书调研建筑的相关材料清单，结果显示钢筋混凝土结构使用的主要材料有钢筋、混凝土、砌体、水泥砂浆及涂料五种，能源方面主要由电以及柴油组成。材料输入主要包括原材料的开采、运输、加工等阶段的能源消耗和能量输入；材料输出主要包括原材料的开采、运输、加工等阶段的各种输出排放。

3.2.1　钢筋混凝土构造物化阶段建材清单分析

钢筋混凝土构造物的主要建材的清单分析包括钢筋、混凝土、砌体、水泥砂浆及涂料五种主要建材单位材料。

1. 钢筋清单分析

1kg 钢筋的输入及输出如图 3-1～图 3-3 所示。

			Products					
Known outputs to technosphere. Products and co-products								
名称			数量	单位	数量	分配%	废物类型	类别	注释
Steel, low-alloyed {RER}	steel production, converter, low-alloyed	Conseq, U	1.0	kg	Mass	100 %	Steel	Metals\Ferro\Transformation	
Known outputs to technosphere. Avoided products								
名称			数量	单位	分佈	SD^2 或 2*SE最小值	最大	注释
				Inputs				
从自然（资源）的已知输入								
名称		次级区隔-	数量	单位	分佈	SD^2 或 2*SE最小值	最大	注释
Water, cooling, unspecified natural origin, RER		in water	0.0105149505	m3	对数正态的	1.573		Calculated based on literature, (Vionnet, S., Quantis Water Database - Technical Report, 2012). It includes the three main technologies processes: blast furnace, basic oxygen furnace and casting. The process boundary is given by the phisical boundary of the caster. (2,3,5,3,1,na)
Water, unspecified natural origin, RER		in water	0.0024214345	m3	对数正态的	1.5822		Based on literature, (Vionnet, S., Quantis Water Database - Technical Report, 2012). It includes the three main technologies processes: blast furnace, basic oxygen furnace and casting. based on literature, (Vionnet, S., Quantis Water Database - Technical Report, 2012). It includes the three main technologies processes: blast furnace, basic oxygen furnace and casting. (3,3,5,2,1,na)

图 3-1 1kg 钢筋产品

Known inputs from technosphere (materials/fuels)							
名称	数量	单位	分佈	SD^2 或 2*SE最小值	最大	注释	
Molybdenite {GLO}	market for	Conseq, U	0.00059649	kg	对数正态的	1.5723		(2,5,5,5,1,na)
Oxygen, liquid {RER}	market for	Conseq, U	0.07145	kg	对数正态的	1.5015		(2,3,5,3,1,na)
Quicklime, in pieces, loose {CH}	market for quicklime, in pieces, loose	Conseq, U	0.0425	kg	对数正态的	1.5015		(2,3,5,3,1,na)
Blast oxygen furnace converter {GLO}	market for	Conseq, U	1.3333E-11	p	对数正态的	4.1133		(5,5,5,5,5,na)
Iron scrap, sorted, pressed {GLO}	market for	Conseq, U	0.12501	kg	对数正态的	1.5015		(2,3,5,3,1,na)
Ferrochromium, high-carbon, 68% Cr {GLO}	market for	Conseq, U	0.032853	kg	对数正态的	1.4918		(1,1,5,3,1,na) composite
Pig iron {GLO}	market for	Conseq, U	0.9	kg	对数正态的	1.5015		(2,3,5,3,1,na)
Iron ore, beneficiated, 65% Fe {GLO}	market for	Conseq, U	0.022	kg	对数正态的	1.4918		(1,1,5,1,1,na) composite
Ferronickel, 25% Ni {GLO}	market for	Conseq, U	0.045	kg	对数正态的	1.4918		(1,1,5,1,1,na) composite
Ferromanganese, high-coal, 74.5% Mn {GLO}	market for	Conseq, U	0.015278	kg	对数正态的	1.5723		(2,5,5,5,1,na)
Dolomite {GLO}	market for	Conseq, U	0.00275	kg	对数正态的	1.5015		(2,3,5,3,1,na)
Natural gas, high pressure {Europe without Switzerland}	market group for	Conseq, U	0.0009536622	m3	对数正态的	1.5015		(2,3,5,3,1,na)
Natural gas, high pressure {CH}	market for	Conseq, U	7.8762570738	m3	对数正态的	1.5015		(2,3,5,3,1,na)
Known inputs from technosphere (electricity/heat)							
名称	数量	单位	分佈	SD^2 或 2*SE最小值	最大	注释	
Coke {GLO}	market for	Conseq, U	0.0002S	MJ	对数正态的	1.5015		(2,3,5,3,1,na)
Electricity, medium voltage {RER}	market group for	Conseq, U	0.021944	kWh	对数正态的	1.5015		(2,3,5,3,1,na)

图 3-2 钢筋清单输入

		Outputs					
排放到空气							
名称	次级区隔-	数量	单位	分佈	SD^2 或 2*SE最小值	最大	注释
Particulates, < 2.5 um		4.75E-5	kg	对数正态的	3.2169		(2,3,5,3,1,na)
Copper		2.5E-8	kg	对数正态的	5.2745		(2,3,5,3,1,na)
Manganese		6.05E-7	kg	对数正态的	5.2745		(2,3,5,3,1,na)
Dioxin, 2,3,7,8 Tetrachlorodibenzo-p-		3.05E-14	kg	对数正态的	3.2169		(2,3,5,3,1,na)
Carbon monoxide, fossil		0.00473	kg	对数正态的	5.2745		(2,3,5,3,1,na)
Carbon dioxide, fossil		0.0756	kg	对数正态的	1.5015		(2,3,5,3,1,na)
Chromium		1.8SE-7	kg	对数正态的	5.2745		(2,3,5,3,1,na)
Lead		5.1SE-7	kg	对数正态的	5.2745		(2,3,5,3,1,na)
Water/m3		0.0061184085	m3	对数正态的	1.765		(2,2,5,1,1,na) Calculated value based on literature values and expert opinion. See comments in the parametres' comment field.
PAH, polycyclic aromatic hydrocarbons		1.2E-10	kg	对数正态的	3.2169		(2,3,5,3,1,na)
Nitrogen oxides		1.25E-5	kg	对数正态的	1.7687		(2,3,5,3,1,na)
排放到水体							
名称	次级区隔-	数量	单位	分佈	SD^2 或 2*SE最小值	最大	注释
Water, RER		0.0068179765	m3	对数正态的	1.765		(2,2,5,1,1,na) Calculated value based on literature values and expert opinion. See comments in the parametres' comment field.

图 3-3 钢筋清单输出

2. 混凝土清单分析

1m³ 混凝土的输入及输出如图 3-4～图 3-7 所示。

Products							
Known outputs to technosphere. Products and co-products 名称	数量	单位	数量	分配%	废物类型	类别	注释
Concrete, 35MPa {RoW} concrete production 35MPa, RNA only Conseq, U	1.0	m³	Volume	100 %		Constructio...Transformation	35 MPa concrete is intended for structurally reinforced cosmer-cial and industrial usage, exposed to chlorides and freezing and thawing conditions e.g. bridge, decks, parking decks and ramps.

图 3-4　1m³ 混凝土产品

Inputs						
从自然（资源）的已知输入 名称	次级区隔	数量	单位	分佈	SD^2或 2*SE最小值	最大	注释

Known inputs from technosphere (materials/fuels) 名称	数量	单位	分佈	SD^2或 2*SE最小值	最大	注释
Concrete mixing factory {GLO} market for Conseq, U	4.52E-3		对数正态的	3.3345		{2,1,5,5,1,na} Literature value. From ecoinvent dataset "concrete production, normal"
Acrylic acid, without water, in 98% solution state {GLO} market for Conseq, U	0.35	kg	对数正态的	1.1959		{1,1,4,1,1,na}
Ethylene oxide {GLO} market for Conseq, U	1.4	kg	对数正态的	1.1959		{1,1,4,1,1,na} See parameters.
Fatty alcohol {GLO} market for Conseq, U	0.18	kg	对数正态的	1.573		{3,3,4,3,4,na} Extrapolated value. Air-entrainers. Estimated value for Quebec by Association Béton Québec Technical Committee (Nov 2013)
Synthetic rubber {GLO} market for Conseq, U	0.00713	kg	对数正态的	1.582		{2,1,5,5,1,na} Literature value. From ecoinvent dataset "concrete production, normal"
Sand {GLO} market for Conseq, U	823.63646190	kg	对数正态的	1.1959		{1,1,4,1,1,na} Including waste concrete. See Exchange Properties
Lubricating oil {GLO} market for Conseq, U	0.0119	kg	对数正态的	1.582		{2,1,5,5,1,na} Literature value. From ecoinvent dataset "concrete production, normal"
Steel, low-alloyed, hot rolled {GLO} market for Conseq, U	0.0238	kg	对数正态的	1.582		{2,1,5,5,1,na} Literature value. From ecoinvent dataset "concrete production, normal"
Chemical, organic {GLO} market for Conseq, U	1.15	kg	对数正态的	1.2369		{3,3,4,3,1,na} Extrapolated value. Water reducing admixture (usually based on ligno-lsphonate). Estimated value for Quebec concrete by Association Béton Québec Technical Committee (Nov 2013)
Gravel, round {CH} market for gravel, round Conseq, U	960.06704152	kg	对数正态的	1.1959		{1,1,4,1,1,na} Including waste concrete. See Exchange Properties
Tap water {RER} market group for Conseq, U	92.48519192	kg	对数正态的	1.1959		{1,1,4,1,1,na}

图 3-5　混凝土清单输入（A）

Known inputs from technosphere (electricity/heat) 名称	数量	单位	分佈	SD^2或 2*SE最小值	最大	注释
Diesel, burned in building machine {GLO} market for Conseq, U	15.6427152	MJ	对数正态的	1.1959		{1,1,4,1,1,na} See parameters. Energy use in ready-mix plant. Includes air emissions from diesel combustion.
Electricity, medium voltage {AU} market for Conseq, U	0.0406926109	kWh	对数正态的	1.3814		{4,1,4,3,1,na} Literature value. Energy use in ready-mix plant.
Electricity, medium voltage {RU} market for Conseq, U	0.1858421916	kWh	对数正态的	1.3814		{4,1,4,3,1,na} Literature value. Energy use in ready-mix plant.
Electricity, medium voltage {TR} market for Conseq, U	0.0419064489	kWh	对数正态的	1.3814		{4,1,4,3,1,na} Literature value. Energy use in ready-mix plant.
Electricity, medium voltage {Canada without Quebec} market group for Conseq, U	0.0812167989	kWh	对数正态的	1.3814		{4,1,4,3,1,na} Literature value. Energy use in ready-mix plant.
Electricity, medium voltage {RAF} market group for Conseq, U	0.0472995761	kWh	对数正态的	1.3814		{4,1,4,3,1,na} Literature value. Energy use in ready-mix plant.
Electricity, medium voltage {RAS} market group for Conseq, U	1.5831222251	kWh	对数正态的	1.3814		{4,1,4,3,1,na} Literature value. Energy use in ready-mix plant.
Electricity, medium voltage {RER} market group for Conseq, U	0.7052582503	kWh	对数正态的	1.3814		{4,1,4,3,1,na} Literature value. Energy use in ready-mix plant.
Electricity, medium voltage {RLA} market group for Conseq, U	0.1746294998	kWh	对数正态的	1.3814		{4,1,4,3,1,na} Literature value. Energy use in ready-mix plant.
Electricity, medium voltage {US} market group for Conseq, U	0.7456335339	kWh	对数正态的	1.3814		{4,1,4,3,1,na} Literature value. Energy use in ready-mix plant.
Electricity, medium voltage {RoW} market group for Conseq, U	0.4753938787	kWh	对数正态的	1.3814		{4,1,4,3,1,na} Literature value. Energy use in ready-mix plant.
Heat, district or industrial, natural gas {RER} market group for Conseq, U	3.2908339551	MJ	对数正态的	1.1959		{1,1,4,1,1,na} See parameters. Energy use in ready-mix plant. Includes air emissions from natural gas combustion.

图 3-6　混凝土清单输入（B）

Outputs							
排放到空气							
名称	次级区隔~	数量	单位	分佈	SD^2 或 2*SC 最小值	最大	注释
Water/m3		0.0061411764	m3	对数正态的	1.1959		(1,1,4,1,1,na) Calculated value. See exchange propeties.
排放到水体							
名称	次级区隔~	数量	单位	分佈	SD^2 或 2*SC 最小值	最大	注释
Oils, unspecified		2.32E-7	kg	对数正态的	1.2127		(2,1,4,3,1,na) Literature value. Table E1a.
Chlorides, unspecified		3.09E-9	kg	对数正态的	1.2127		(2,1,4,3,1,na) Literature value. Table E1a.
Iron		1.55E-8	kg	对数正态的	1.2127		(2,1,4,3,1,na) Literature value. Table E1a.
Suspended solids, unspecified		4.64E-7	kg	对数正态的	1.2127		(2,1,4,3,1,na) Literature value. Table E1a.
Copper		1.55E-8	kg	对数正态的	1.2127		(2,1,4,3,1,na) Literature value. Table E1a.

图 3-7　混凝土清单输出

3. 砌体清单分析

1kg 混合加气混凝土砌块（P2 04 与 P4 05 的混合料）的输入及输出如图 3-8～图 3-12 所示。

Products							
Known outputs to technosphere. Products and co-products							
名称	数量	单位	数量	分配%	废物类型	类别	注释
Aerated concrete block, mix of P2 04 and P4 05, production mix, at plant, average density 4	1	kg	Mass	100 %	Cement	Construction \Concrete	

图 3-8　1kg 砌体产品

Inputs							
从自然（资源）的已知输入							
名称	次级区隔	数量	单位	分佈	SD^2 或 2*SC 最小值	最大	注释
Air	in air	0.7399333919	kg	未定义			
Barite		2.3106344946	kg	未定义			
Barite		2.3753274104	kg	未定义			
Basalt	in ground	3.079100668 18	kg	未定义			
Bauxite	in ground	6.1866988446	kg	未定义			
Clay, bentonite		4.7013480878	kg	未定义			
Energy, from biomass		1.0371585649	MJ	未定义			
Energy, from coal, brown		0.4987038160	MJ	未定义			
Calcium carbonate	in ground	0.5868158125	kg	未定义			
Calcium chloride	in ground	2.3657427101	kg	未定义			
Carbon dioxide, in air	in air	1.9732834334	kg	未定义			
Chromium	in ground	1.4840652847	kg	未定义			
Clay, unspecified		1.0679871928	kg	未定义			
Colemanite	in ground	2.5917799103	kg	未定义			
Copper	in ground	1.4364378693	kg	未定义			
Energy, from oil		0.6942934016	MJ	未定义			
Dolomite	in ground	8.4880199412	kg	未定义			
Fluorspar	in ground	5.5162896475	kg	未定义			
Gold	in ground	2.5747674011	kg	未定义			
Water, groundwater consumption		1.1118927698	kg	未定义			
Gypsum	in ground	8.2172873558	kg	未定义			
Energy, from coal		0.7154546017	MJ	未定义			
Inert rock	in ground	0.6457500084	kg	未定义			
Iron	in ground	2.4704291552	kg	未定义			
Kaolin ore		3.7830147275	kg	未定义			
Lead	in ground	1.0839466942	kg	未定义			
Magnesite	in ground	7.8851197760	kg	未定义			
Magnesium chloride	in ground	4.2549061039	kg	未定义			
Manganese	in ground	1.3540606278	kg	未定义			
Molybdenum	in ground	3.6789317392	kg	未定义			

图 3-9　砌体清单输入（A）

Known inputs from technosphere (materials/fuels) 名称		数量	单位	分佈	SD^2 或 2*SE	最小值	最大	注释
Dummy CaF2 (low radioactice)		9.0593119616	kg	未定义				
Dummy Plutonium as residual product		5.3717594972	kg	未定义				
Dummy Slag (Uranium conversion)		3.3917289177	kg	未定义				
Dummy Waste radioactive		5.2313938085	kg	未定义				
Dummy Uranium depleted		6.2254845678	kg	未定义				

Known inputs from technosphere (electricity/heat) 名称		数量	单位	分佈	SD^2 或 2*SE	最小值	最大	注释
Dummy secondary fuel		1.0328731754	MJ	未定义				
Dummy secondary fuel renewable		0.0030724415	MJ	未定义				

图 3-10　砌体清单输入（B）

Outputs								
排放到空气 名称	次级区隔-	数量	单位	分佈	SD^2 或 2*SE	最小值	最大	注释
Benzene, 1,3,5-trimethyl-		1.0918088384	kg	未定义				
Dioxin, 2,3,7,8 Tetrachlorodibenzo-p-		1.7726580101	kg	未定义				
Acetaldehyde		3.1274096918	kg	未定义				
Acetic acid		1.7430517399	kg	未定义				
Acetone		3.0373156683	kg	未定义				
Acidity, unspecified		3.0475575069	kg	未定义				
Acrolein		1.5530058666	kg	未定义				
Ammonia		7.2537511797	kg	未定义				
Ammonium, ion		6.0387007187	kg	未定义				
Anthracene		2.2008574263	kg	未定义				
Antimony		1.2755577031	kg	未定义				
Antimony-124		3.2420822161	kBq	未定义				
Argon-41		2.0188033265	kBq	未定义				
Arsenic		6.0202670734	kg	未定义				
Arsenic trioxide		1.2398744361	kg	未定义				
Barium		1.6333412132	kg	未定义				
Benzene		8.2624331005	kg	未定义				
Benzo(a)anthracene		1.1073207510	kg	未定义				
Benzo(a)pyrene		1.3592432724	kg	未定义				
Benzo(g,h,i)perylene		9.8785876131	kg	未定义				
Benzo(k)fluoranthene		1.9757175226	kg	未定义				
Beryllium		1.6374757211	kg	未定义				
Boron		1.7260909726	kg	未定义				
Bromine		5.1039345552	kg	未定义				
Butadiene		5.0323774851	kg	未定义				
Cadmium		2.4068654914	kg	未定义				
Carbon dioxide		0.4488905247	kg	未定义				
Carbon disulfide		2.9143085438	kg	未定义				
Carbon monoxide		4.7419290963	kg	未定义				

图 3-11　砌体清单输出（A）

最终废物流 名称	次级区隔-	数量	单位	分佈	SD^2 或 2*SE	最小值	最大	注释
Demolition waste, unspecified		1.9359341544	kg	未定义				
Radioactive waste		2.6220068663	kg	未定义				
Radioactive waste		3.1183211011	kg	未定义				
Mineral waste		0.0762657	kg	未定义				
Overburden (deposited)		0.6623687122	kg	未定义				
Radioactive tailings		1.5910434232	kg	未定义				
Slags		0.025765482	kg	未定义				
Spoil, unspecified		0.1011392659	kg	未定义				
Tailings, unspecified		1.0507985113	kg	未定义				

图 3-12　砌体清单输出（B）

4. 水泥砂浆清单分析

1kg 水泥砂浆的输入如图 3-13、图 3-14 所示。

		Products					
Known outputs to technosphere. Products and co-products							
名称			数量	单位	数量	分配%	废物类型	类别
Cement mortar {RoW}| market for cement mortar	Conseq, U			1.0	kg	Mass	100 %	Cement	Construction\Binders\Market

图 3-13　1kg 水泥砂浆产品

		Inputs					
从自然（资源）的已知输入							
名称	次级区隔	数量	单位	分布	SD^2 或 2^SE	最小值	最大	注释
Known inputs from technosphere (materials/fuels)							
名称		数量	单位	分布	SD^2 或 2^SE	最小值	最大	注释
Transport, freight, light commercial vehicle {GLO}| market for	Conseq, U		0.0033	tkm	对数正态的	2.281			{1,1,4,5,4,na} Transport distance based on US BTS Commodity Flow Surveys 1993, 1997, 2002, 2007, US Dep. Of Transportation, Bureau of Transportation Statistics. Of the total road transport, 6% is assumed to be by delivery van for goods with a large share of retail sale, and 3% for goods that are mainly sold via wholesale.
Transport, freight, lorry, unspecified {GLO}| market for	Conseq, U		0.1069	tkm	对数正态的	2.281			{1,1,4,5,4,na} Transport distance based on US BTS Commodity Flow Surveys 1993, 1997, 2002, 2007, US Dep. Of Transportation, Bureau of Transportation Statistics. Of the total road transport, 6% is assumed to be by delivery van for goods with a large share of retail sale, and 3% for goods that are mainly sold via wholesale.
Cement mortar {RoW}| production	Conseq, U		1	kg	未定义				Production Volume Amount: 0
Transport, freight train {CN}| market for	Conseq, U		0.0055217305	tkm	对数正态的	2.281			{1,1,4,5,4,na} Transport distance based on US BTS Commodity Flow Surveys 1993, 1997, 2002, 2007, US Dep. Of Transportation, Bureau of Transportation Statistics.
Transport, freight train {Europe without Switzerland}| market for	Conseq, U		0.0016315746	tkm	对数正态的	2.281			{1,1,4,5,4,na} Transport distance based on US BTS Commodity Flow Surveys 1993, 1997, 2002, 2007, US Dep. Of Transportation, Bureau of Transportation Statistics.

图 3-14　水泥砂浆清单输入

5. 涂料清单分析

1kg 树脂涂料的清单输入与输出如图 3-15～图 3-17 所示。

		Products					
Known outputs to technosphere. Products and co-products							
名称			数量	单位	数量	分配%	废物类型	类别
Alkyd paint, white, without solvent, in 60% solution state {GLO}| market for	Conseq, U			1.0	kg	Mass	100 %	Paint	Construction\Paints\Market

图 3-15　1kg 涂料产品

		Inputs					
从自然（资源）的已知输入							
名称	次级区隔	数量	单位	分布	SD^2 或 2^SE	最小值	最大	注释
Known inputs from technosphere (materials/fuels)							
名称		数量	单位	分布	SD^2 或 2^SE	最小值	最大	注释
Transport, freight train {GLO}| market group for	Conseq, U		0.1067	tkm	对数正态的	2.281			{1,1,4,5,4,na} Transport distance based on US BTS Commodity Flow Surveys 1993, 1997, 2002, 2007, US Dep. Of Transportation, Bureau of Transportation Statistics.
Transport, freight, lorry, unspecified {GLO}| market for	Conseq, U		0.4308	tkm	对数正态的	2.281			{1,1,4,5,4,na} Transport distance based on US BTS Commodity Flow Surveys 1993, 1997, 2002, 2007, US Dep. Of Transportation, Bureau of Transportation Statistics. Of the total road transport, 6% is assumed to be by delivery van for goods with a large share of retail sale, and 3% for goods that are mainly sold via wholesale.
Transport, freight, light commercial vehicle {GLO}| market for	Conseq, U		0.0133	tkm	对数正态的	2.281			{1,1,4,5,4,na} Transport distance based on US BTS Commodity Flow Surveys 1993, 1997, 2002, 2007, US Dep. Of Transportation, Bureau of Transportation Statistics. Of the total road transport, 6% is assumed to be by delivery van for goods with a large share of retail sale, and 3% for goods that are mainly sold via wholesale.

图 3-16　涂料清单输入（A）

图 3-17　涂料清单输入（B）

3.2.2　钢筋混凝土构造运维阶段能耗清单分析

　　在钢筋混凝土构造的整个生命周期里，根据本书目的与范围确定中的相关假设，钢筋混凝土构造建筑使用年限为 50 年，则本书建立模型的使用及维护阶段为 50 年。该阶段，其主要的消耗能源为电力资源。钢筋混凝土结构使用及维护阶段消耗的能源主要是电力资源，比如照明、维持环境温度以及其他方面的耗电。

　　根据写字楼单位建筑面积耗电量 40W 计算，除去节假日以及周末，则每年平均使用 251 天，每天按照运行 8 小时计算，可算出每年单位建筑面积的耗电量为 80.32kWh，50 年每单位建筑面积耗电量为 4016kWh。商业办公楼与住宅楼皆按此值计算。

　　医院建筑的运维耗电量以 2014 年广东省东莞市太平人民医院的数据为例，单位面积耗电量为 259kWh，则 50 年每单位建筑面积耗电量为 12950kWh。

　　学校建筑运维阶段耗电量以湖南农业大学的主要建筑物能耗分析为例，按照单位建筑面积耗能 9.88kWh 计算，则 50 年每单位建筑面积耗电量为 494kWh。

　　运维阶段照明耗电按低压电分析。1kWh 的低压电清单输入及输出如图 3-18～图 3-20 所示。

图 3-18　1kWh 低压电产品

Inputs								
从自然（资源）的已知输入								
名称	次级区隔-	数量	单位	分布	SD^2 或 2*SE	最小值	最大	注释
Known inputs from technosphere (materials/fuels)								
名称		数量	单位	分布	SD^2 或 2*SE	最小值	最大	注释
Distribution network, electricity, low voltage {GLO}	market for	Conseq, U		8.7404880965	km	对数正态的	1.9918			(3,2,4,4,3,na) Estimation. Data overtaken from Switzerland. Swiss data are calculated values based on the electricity transported in this voltage level (36796 GWh) and the total low voltage power line length in Switzerland (cables and aerial lines - 128646 km). Lifetime is assumed to be 40 years. See Itten&Frischknecht 2012, Tab. 4.1 and Tab. 4.3.
Sulfur hexafluoride, liquid {GLO}	market for	Conseq, U		4.03E-10	kg	对数正态的	1.0936			(1,1,3,1,1,na) Calculated value
Known inputs from technosphere (electricity/heat)								
名称		数量	单位	分布	SD^2 或 2*SE	最小值	最大	注释
Electricity, low voltage {BR}	market for	Conseq, U		0.0671	kWh	对数正态的	1.4033			{4,2,3,4,3,na}. Calculated value/estimation. This value compensates for the losses during transmission/distribution on this electricity market. The calculation is made based on total electricity losses between net electricity available at the busbar and the use of electricity calculated based on the IEA electricity information 2014, table 1.1, Electricity supply vs. transmission losses. These total losses over the whole chain are then allocated to the different voltage levels as well as transformation and transmission losses based on information in Itten et al. 2014. For details please see the documentation available on ecoQuery. IEA. 2014. Electricity Information 2014. ISBN 978-92-64-21692-1. International Energy Agency (IEA), Paris Cedex (FR). Itten R., Frischknecht R., Stucki M. 2014. Life Cycle Inventories of Electricity Mixes and Grid. Version 1.3. treeze, Uster, Switzerland
Electricity, low voltage {BR}	electricity voltage transformation from medium to low voltage	1		kWh	未定义				Production Volume Amount: 0

图 3-19 低压电清单输入

Outputs								
排放到空气								
名称	次级区隔-	数量	单位	分布	SD^2 或 2*SE	最小值	最大	注释
Sulfur hexafluoride		4.03E-10	kg	对数正态的	1.5229			(3,3,5,2,2,na) Literature value/estimation. SF6 (sulphur hexafluoride) is used as quenching and insulation gas in gas-insulated switchgear. SF6 has physically ideal properties for the use in high and medium voltage switchgear. About 5% of SF6-emissions are caused by the medium voltage level switchgear, which are allocated to the electricity

图 3-20 低压电清单输出

3.2.3 钢筋混凝土构造拆除回收阶段清单分析

钢筋混凝土结构回收利用阶段的输入主要为柴油、汽油和电力等能源输入，输出主要为建筑垃圾。根据 2016 年《中国统计年鉴》可知 2014 年用于建筑业的能源消费总量为 7520 万吨标准煤，而 2014 年建筑施工面积为 1249826.3 万 m²，可得平均施工能耗为 18.05kWh/m²。钢筋混凝土建筑物拆除能耗按照建设施工能耗的 90% 计算，得到其建筑拆除阶段的能源输入为 16.25kWh/m²。建筑垃圾的产生量可按照 80% 的全部建材量计算，得到：住宅建筑垃圾的输出量为 3.6588t/m²；医院建筑垃圾的输出量为 1.7231t/m²；商业办公楼建筑垃圾的输出量为 1.186t/m²；学校建筑垃圾的输出量为 1.2888t/m²。

3.2.4　功能与功能单位

LCA 方法是一种基于定量分析的评估方法，需要以一定的功能单位（FunctionUnit）为基准，它是整个 LCA 过程的基石，因此对其选取显得十分重要。

钢筋混凝土构造工程由于规模不一，其材料生产阶段与施工建造阶段等由于材料使用量与机械使用量等差别较大，导致碳排放量的差别很大，并且其使用维护阶段的持续时间占了整个钢筋混凝土构造生命周期的绝大部分，因此不能仅以钢筋混凝土构造的总的碳排放量来当作功能单位，这样的结果缺乏准确性。本书以钢筋混凝土构造的每年单位建筑面积的碳排放作为评价指标，可以消除由于建筑物的规模、不同阶段的时间占有量等差异所造成的影响，使得 LCA 研究所得的结果具有一致性与可比性。综上所述，选择单位建筑面积的碳排放量（$kgCO_2e/m^2$）作为 LCA 评价的功能单位。

3.2.5　系统边界

钢筋混凝土构造的生命周期碳排放的范围即是其生命周期系统，由系统内部与系统环境组成。其系统边界如图 3-21 所示。

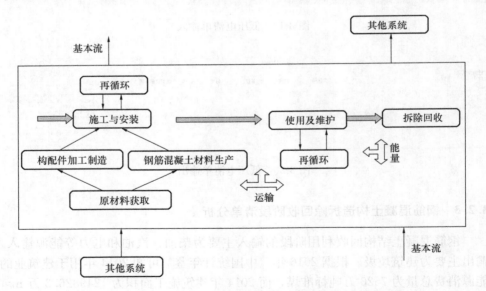

图 3-21　钢筋混凝土（RC）构造生命周期碳排放边界系统

3.3　环境影响评价模型

本书构建的环境影响评价模型如图 3-22 所示。

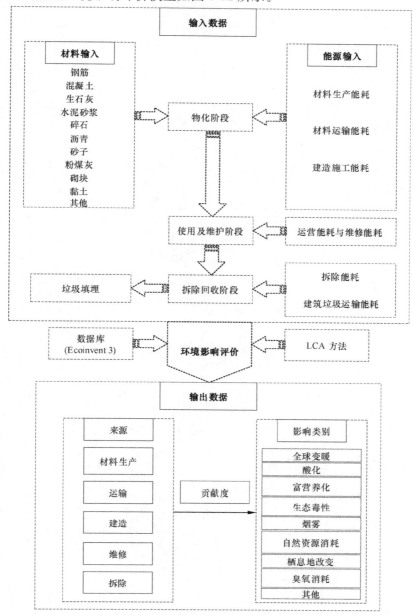

图 3-22　环境影响评价模型

第三部分　民用建筑生命
周期环境影响评价

　　钢筋混凝土构造的生命周期可以被看作是"从摇篮到坟墓"的一个过程。本书把钢筋混凝土构造分为物化阶段（包括原料开采、生产、成品运输与兴建）、运营与维护阶段及拆除回收三个阶段，结合建筑的生命周期碳排放的清单分析过程，本书构建的钢筋混凝土构造的环境影响评估架构如图 4-1 所示。

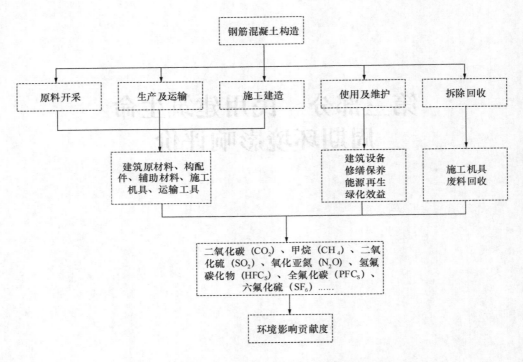

图 4-1　钢筋混凝土（RC）构造生命周期环境影响评估架构

　　国际上常把钢筋混凝土建筑分为学校、医院、航天、商业、住宅以及监狱 6 种类型。限于航天及监狱建筑数据的保密性，本书选择其中的住宅、医院、商业及学校 4 种类型进行多案例研究分析。

4 住宅建筑 LCA 碳排放评估

4.1 案 例 说 明

4.1.1 案例来源

本书住宅项目类型的建筑案例分析材料数据来源于陕西省西安市新里城某钢筋混凝土建筑群的调研，共 6 栋高层住宅建筑以及一个地下车库。抗震设防烈度为 8 度，为商业住宅小区，总建筑面积为 86058.79m²，其中地下 24879.76m²，地上住宅 55568.59m²，地上商业 5610.44m²。3 号楼为剪力墙结构，地上 10 层，地下 2 层，建筑面积 6974.02m²；5 号楼为剪力墙结构，地上 10 层，地下 2 层，建筑面积 3578.08m²；8 号楼为剪力墙结构，地上 33 层，地下 2 层，建筑面积 28061.29m²；9 号楼为框架剪力墙结构，地上 30 层，地下 2 层，建筑面积 13980.75m²；10 号楼为框架-剪力墙结构，地上 29 层，地下 2 层，建筑面积 13858.81m²；11 号楼为框架结构，地上 2 层，建筑面积 238.9m²；地下车库建筑面积 19366.94m²。该研究对象在其建造过程中采取了多种污染防治措施，比如水环境保护措施、空气环境保护措施及噪声降低措施等，减少了施工的额外排放，降低了数据收集的困难度，而且简化了计算分析过程。此外，从城市化发展过程中城镇建筑形式的变化来看，未来的住宅建筑将以高层建筑为主，因此选择小区高层住宅建筑为研究对象具有一定的代表性。

4.1.2 数据整理

本书对陕西省西安市新里城某钢筋混凝土建筑群进行调研，结果显示钢筋混凝土结构使用的主要材料有钢筋、混凝土、砌体、水泥砂浆及涂料共 5 种，能源方面主要由电和柴油组成。材料输入主要包括原材料的开采、运输、加工等阶段的能源消耗和能量输入；材料输出主要包括原材料的开采、运输、加工等阶段的各种输出排放。

调研结果见表 4-1。

单位建筑面积建材用量为：该项目各单位工程的单位面积建材用量与该单位工程建筑面积之积的和除以该项目总建筑面积。各楼建筑面积见表 4-2。

单位建筑面积工程量指标分析表　　　　　　表 4-1

	钢筋（kg）(不含砌体筋)		混凝土（m³）		砌体（m³）		砌体加筋（kg）		内墙粉刷（m²）(砖墙水泥砂浆)		内墙粉刷（m²）(涂料)	
	地下部分	地上部分	地下部分	地上部分	地下部分	地上部分	地下部分	地上部分	地下部分	地上部分	地下部分	地上部分
3 号楼	113	49.0	1.10	0.36	0.17	0.17	0.12	1.78	3.10	2.06	0.00	0.05
5 号楼	143	51.2	1.27	0.39	0.18	0.18	1.50	1.95	3.13	2.33	0.00	0.11
8 号楼	211	54.0	1.55	0.42	0.05	0.10	0.45	1.26	2.92	1.32	0.00	0.04
9 号楼	215	54.9	1.93	0.40	0.07	0.11	0.74	1.23	2.97	1.40	0.00	0.04
10 号楼	216	54.4	2.06	0.41	0.05	0.11	0.46	1.32	2.83	1.51	0.00	0.04
11 号楼	0	79.4	0.00	0.54	0.00	0.13	0.00	1.30	0.00	1.18	0.00	0.00
车库	60.9	0.00	0.53	0.00	0.03	0.00	0.09	0.00	0.74	0.00	0.00	0.00

各楼面积及总面积　　　　　　表 4-2

楼号	3 号楼	5 号楼	8 号楼	9 号楼	10 号楼	11 号楼	车库	总面积
面积（m²）	6974.02	3578.08	28061.3	13980.8	13858.8	238.9	19366.9	86058.8

　　工程量指标是对构成工程实体主要构件或要素数量的统计分析，包括单方钢筋、混凝土、模板等工程量以及按建筑项目用途统计分析的单方地面、天棚、内墙、外墙等装饰工程量。

　　本书计算混凝土时，考虑到项目使用多种强度混凝土，其中以 C35 为最，因此为简便计算，本书混凝土按照 C35 计算。根据表 4-3 常用商品混凝土密度表可计算混凝土使用量。

常用商品混凝土密度表　　　　　　表 4-3

混凝土标号	密度 ρ（×1000kg/m³）
C10～C15	2.360
C20	2.370
C25	2.380
C30	2.385
C35	2.390
C40	2.400
C45	2.410
C50	2.420

因此 C35 混凝土取 $2.390 \times 1000 kg/m^3$。项目内墙粉刷涂料为树脂涂料，而内墙装饰定额（建安、修缮）是 $0.35kg/m^2$。砌体为加气混凝土砌块，由 P2 04 与 P4 05 混合，密度为 $433kg/m^3$。水泥砂浆不应小于 $1900kg/m^3$，本书取 $2000kg/m^3$，抹灰消耗为 $0.02309m^3/m^2$。据此计算，可得出以上 5 种材料单位建筑面积的使用清单，见表 4-4。

单位建筑面积材料清单

表 4-4

总量	钢筋	混凝土	砌体	水泥砂浆	涂料
单位	kg/m^2	m^3/m^2	kg/m^2	kg/m^2	kg/m^2
值	210.44	1.73	67.42	166.70	0.01

钢筋混凝土建筑材料及建筑材料生产所需原材料的运输能耗可根据建筑材料、建筑材料生产所需原材料的需求量、运输里程及其运输单耗进行计算。计算中，使用自卸车运输混凝土最远运输半径不宜超过 20km。本项目为市内运输，因此假设材料运输距离为 20km，作短距离运送。由此可计算出建筑材料运输计量：

$$建材运输计量 = 建材运输重量(t) \times 运输距离(km)$$

$$= (M_{钢筋} + M_{混凝土} + M_{砌体} + M_{砂浆} + M_{涂料}) \times 20km$$

$$= (210.44 + 1.73 \times 2.39 \times 1000 + 67.42 + 166.70$$

$$+ 0.01)kg \times 20km$$

$$= 91.47 \times 1000kg \cdot km$$

$$= 91.47t \cdot km$$

因此，建材运输计量取 91.47t · km。

根据调研材料清单，项目施工过程总用电为 1195793 度，即施工过程总用电为 1195793kWh。项目总建筑面积为 $86058.79m^2$，则施工过程单位建筑面积用电量为 $13.90kWh/m^2$。

4.2　影　响　评　价

4.2.1　住宅建筑物化阶段影响评价

建筑物物化阶段碳排放包括建材生产碳排放、运输过程碳排放以及施工过程碳排放。

根据整理数据组装物化阶段 SimaPro 模型，如图 4-2 所示。

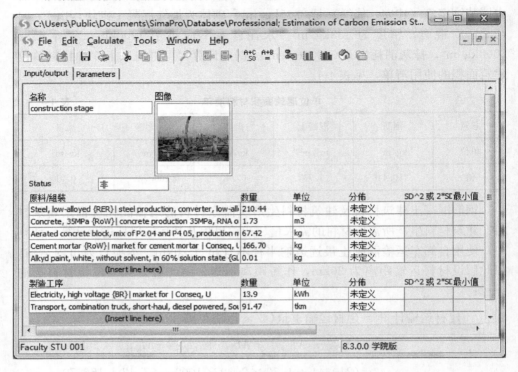

图 4-2　住宅建筑物化阶段组装模型

根据组装模型进行软件分析计算，可得出住宅建筑物化阶段环境排放结构网状图，如图 4-3 所示。

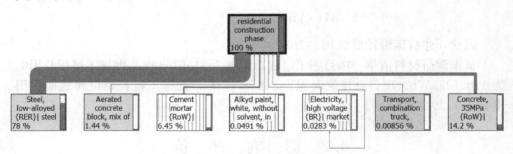

图 4-3　建筑物化阶段环境排放结构网状图

图 4-3 中，结构网状图通过流向箭头的粗细表示贡献率。结合上图计算结果可以得出住宅建筑在物化阶段单位建筑面积的各主要建材与相关因素的环境排放贡献率，见表 4-5。

住宅建筑单位建筑面积各建材与相关过程环境贡献率　　　　　**表 4-5**

住宅建筑主要建材与相关因素名称	环境排放量（kg）	环境排放贡献率
钢筋	71.9	78%
混凝土砌块	1.33	1.44%
水泥砂浆	5.95	6.45%
涂料	0.0453	0.0491%
施工用电	0.0261	0.0283%
市内运输	0.0079	0.00856%
混凝土	13.1	14.2%

　　由上表可知，住宅建筑在物化阶段，对环境排放贡献最大的是钢筋，占比78%；随后是混凝土，占比14.2%；接下来是水泥砂浆，占比6.45%；然后到混凝土砌块、施工用电、涂料、市内运输等。

　　住宅建筑物化阶段的碳排放量汇总如图4-4所示。

No	substance	compar	unit	Total	Steel, low-alloyed	Aerated concrete block,	Cement mortar {RoW}| market	Alkyd paint, white, without	Electricity, high voltage {BR}|	Transport, combination	Concrete, 35MPa {RoW}|
	Total		g CO2 eq	1.25E6	6.13E5	3.13E3	4.44E4	45.9	2.04E3	1.01E4	5.44E5
1	Carbon dioxide	空气	g CO2 eq	3.03E4	x	3.03E4	x	x	x	x	x
2	Carbon dioxide, fossil	空气	g CO2 eq	1.15E6	5.65E5	x	4.28E4	35.5	1.06E3	9.79E3	5.32E5
3	Carbon dioxide, land trans	空气	g CO2 eq	618	162	x	10.4	7.41	373	x	65.5
4	Carbon dioxide, to soil or	土壤	g CO2 eq	-0.00058	-0.000333	x	-4.29E-5	-8.87E-5	-1.85E-7	x	-0.000123
5	Chloroform	空气	g CO2 eq	0.0446	0.0434	x	0.0013	8.81E-6	1.33E-5	7.58E-8	-0.000124
6	Dinitrogen monoxide	空气	g CO2 eq	2.17E3	-390	69.3	169	0.0991	229	6.55	2.09E3
7	Ethane, 1,1,1-trichloro-,	空气	g CO2 eq	0.0264	0.0175	x	0.00104	35.5	6.74E-6	4.04E-5	0.0078
8	Methane	空气	g CO2 eq	1.05E3	0.0473	753	0.000659	3.07E-6	5.9E-6	302	0.0146
9	Methane, biogenic	空气	g CO2 eq	103	-898	x	291	-0.338	355	x	355
10	Methane, bromo-, Halon	空气	g CO2 eq	4.95E-8	7.35E-9	x	3.03E-10	5.21E-12	9.32E-12	3.43E-8	7.53E-9
11	Methane, bromotrifluoro-,	空气	g CO2 eq	26.3	14.5	0.286	1.09	0.000994	0.0523	x	10.3
12	Methane, chlorodifluoro-,	空气	g CO2 eq	323	298	0.153	1.61	0.0101	0.0226	x	22.5
13	Methane, dichloro-, HCC-	空气	g CO2 eq	-39	-38.6	6.17E-11	-0.0219	-6.09E-5	-0.00189	0.000716	-0.425
14	Methane, dichlorodifluoro-	空气	g CO2 eq	-2.11	0.131	0.874	0.0271	-0.0027	0.000412	0.00377	-3.14
15	Methane, fossil	空气	g CO2 eq	5.99E4	4.9E4	x	1.14E3	3.22	20.8	11.7	9.72E3
16	Methane, monochloro-, R	空气	g CO2 eq	0.0797	0.0529	x	0.00316	2.75E-6	2.04E-5	3.63E-7	0.0236
17	Methane, tetrachloro-, CF	空气	g CO2 eq	2.82	2.32	x	0.0167	0.00809	0.0004	6.4E-5	0.467
18	Methane, tetrafluoro-, CF	空气	g CO2 eq	311	38.4	203	3.9	0.00507	0.186	x	65.5

图 4-4　住宅建筑物化阶段碳排放量汇总

　　整理结果见表4-6。

住宅建筑物化阶段碳排放量　　　　　**表 4-6**

名称	碳排放量（kg CO₂ eq）	占比
钢筋	613	49.24%
砌体	31.3	2.514%
水泥砂浆	44.4	3.567%
涂料	0.0459	0.004%
施工用电	2.04	0.164%
市内运输	10.1	0.811%
混凝土	544	43.70%
汇总	1245	100%

由图 4-4 结合表 4-6 可知，住宅建筑物化阶段的单位建筑面积碳排放量为 1.25t CO_2 eq。

住宅建筑物化阶段的特征化图如图 4-5 所示。特征化分析结果用柱状图表示在每一种环境影响类型下的各种主要建材或耗能过程的贡献比例关系。

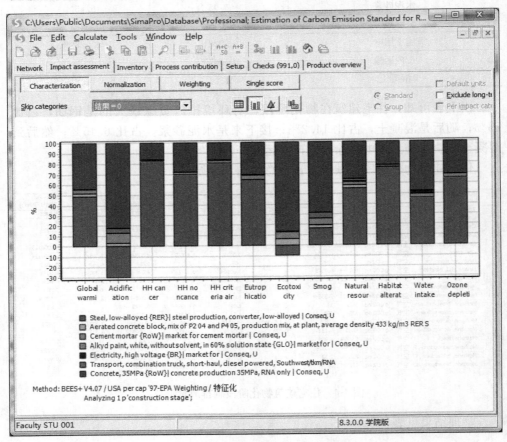

图 4-5　住宅建筑物化阶段特征化

根据特征化柱状图整理出住宅建筑物化阶段各主要建材或耗能过程对各环境影响类别的贡献率，见表 4-7。

住宅建筑物化阶段各主要建材的环境排放贡献率　　　　　　　　　表 4-7

名称	钢筋	砌体	水泥砂浆	涂料	施工用电	市内运输	混凝土
全球变暖	49.2%	2.51%	3.57%	0.004%	0.164%	0.812%	43.7%
酸化	−30%	3.29%	9.26%	—	—	4.38%	82.6%
富营养化	64.3%	—	4.11%	—	—	0.193%	31%

续表

名称	钢筋	砌体	水泥砂浆	涂料	施工用电	市内运输	混凝土
生态毒性	−9.09%	6.22%	6.71%	—	—	0.458%	86.5%
烟雾	16.3%	2.95%	6.66%	—	—	5.37%	68.5%
自然资源消耗	55.6%	2.73%	3.23%	—	—	2.4%	35.8%
栖息地的改变	75.5%	—	2.01%	—	—		22.5%
臭氧消耗	64.2%	1%	3.28%	0.013%	—		31.3%

注："—"号表示该项贡献率为零或约为零，结果不予显示。

由表 4-7 中可看出钢筋对酸化与生态毒性的影响为负值，说明对该影响具有正面的作用。而涂料与施工用电这两项除了具有碳排放对全球变暖这一项影响有点贡献外，对其他环境影响基本为零。由上表可知在 RC 住宅楼建筑的物化阶段，各建材或施工耗能过程中以钢筋和混凝土这两种建材的环境贡献为最大。

4.2.2　住宅建筑全生命周期影响评价

对于住宅楼项目，其运维阶段模型建立如图 4-6 所示。

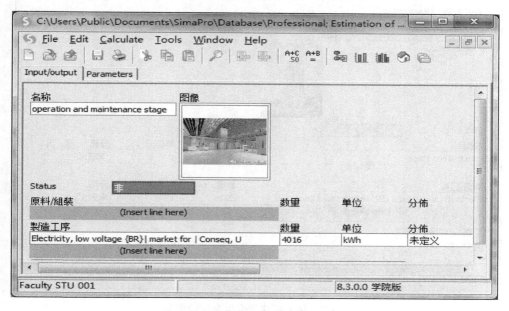

图 4-6　住宅建筑运维阶段模型

住宅建筑拆除回收阶段模型建立如图 4-7 所示。

RC 住宅楼建筑全生命周期模型建立如图 4-8 所示。

根据组装模型进行软件分析计算，可得出住宅建筑全生命周期的环境排放结

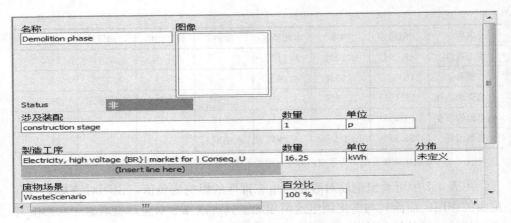

图 4-7　住宅建筑拆除回收阶段模型

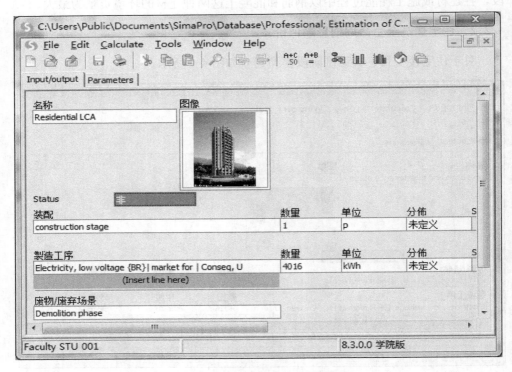

图 4-8　住宅楼建筑全生命周期模型

构网状图如图 4-9 所示。

由图 4-9 可知，住宅建筑的环境排放以物化阶段为最大，占比 86.1%；运维阶段占比 13.3%；而拆除回收阶段占比仅为 0.591%。

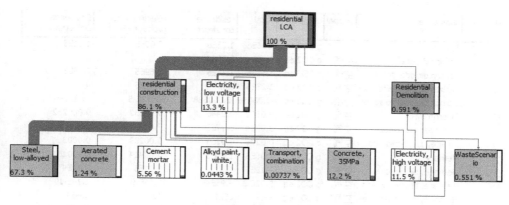

图 4-9　住宅建筑全生命周期环境排放结构网状图

RC 住宅楼建筑全生命周期各阶段对于环境排放的贡献率汇总见表 4-8。

RC 住宅楼建筑全生命周期各阶段对于环境排放的贡献率　　　表 4-8

环境因素	物化阶段	运营与维护阶段	拆除回收阶段
全球变暖	60.5%	34.1%	5.38%
酸化	28.6%	69.9%	1.57%
富营养化	38.5%	40.2%	21.3%
生态毒性	9.69%	63.1%	27.2%
烟雾	60.1%	38.3%	1.56%
自然资源消耗	61%	37.9%	1.13%
栖息地的改变	52.9%	13.5%	33.6%
臭氧消耗	64.5%	34.2%	1.3%

RC 住宅楼建筑全生命周期碳排放量汇总如图 4-10 所示。

从图 4-10 中整理出 RC 住宅楼建筑全生命周期各阶段碳排放量，汇总见表 4-9。

RC 住宅楼建筑全生命周期各阶段碳排放量　　　表 4-9

名称	碳排放量（kg CO_2 eq）	占比
物化阶段	1250	60.6%
运维阶段	702	34.0%
拆除回收阶段	111	5.4%
汇总	2063	100%

从表 4-9 中可以知道，在住宅楼建筑的全生命周期中，物化阶段碳排放量为

No	substance /	compai	unit	Total	residential construction	Electricity, low voltage {BR}|	Residential Demolition
	Total		g CO2 eq	2.06E6	1.25E6	7.02E5	1.11E5
1	Carbon dioxide	空气	g CO2 eq	3.03E4	3.03E4	x	x
2	Carbon dioxide, fossil	空气	g CO2 eq	1.53E6	1.15E6	3.69E5	7.49E3
3	Carbon dioxide, land tran:	空气	g CO2 eq	1.28E5	618	1.27E5	441
4	Carbon dioxide, to soil or	土壤	g CO2 eq	-0.00066	-0.000588	-7.22E-5	-3.88E-6
5	Chloroform	空气	g CO2 eq	0.0502	0.0446	0.00532	0.000262
6	Dinitrogen monoxide	空气	g CO2 eq	8.09E4	2.17E3	7.81E4	591
7	Ethane, 1,1,1-trichloro-, H	空气	g CO2 eq	0.0296	0.0264	0.00289	0.0003
8	Methane	空气	g CO2 eq	1.05E3	1.05E3	0.00414	0.000101
9	Methane, biogenic	空气	g CO2 eq	2.18E5	103	1.21E5	9.69E4
10	Methane, bromo-, Halon :	空气	g CO2 eq	5.32E-8	4.95E-8	3.65E-9	1.14E-10
11	Methane, bromotrifluoro-,	空气	g CO2 eq	44.9	26.3	18	0.664
12	Methane, chlorodifluoro-,	空气	g CO2 eq	333	323	9.7	0.246
13	Methane, dichloro-, HCC-	空气	g CO2 eq	-39.9	-39	-0.852	-0.0113
14	Methane, dichlorodifluoro	空气	g CO2 eq	-1.97	-2.11	0.137	0.00387
15	Methane, fossil	空气	g CO2 eq	7.3E4	5.99E4	7.74E3	5.39E3
16	Methane, monochloro-, R	空气	g CO2 eq	0.0893	0.0797	0.00873	0.000908
17	Methane, tetrachloro-, CF	空气	g CO2 eq	3.07	2.82	0.192	0.0578
18	Methane, tetrafluoro-, CF	空气	g CO2 eq	416	311	105	0.627

图 4-10　住宅楼建筑全生命周期碳排放汇总

1250kg CO_2 eq，占比 60.6%；其次是运维阶段碳排放量为 702kg CO_2 eq，占比 34%；最后是拆除回收阶段，其碳排放量为 111kg CO_2 eq，占比 5.4%。整个 RC 住宅楼建筑全生命周期中，单位建筑面积碳排放量为 2063kg CO_2 eq/m²。

5 医院建筑 LCA 碳排放评估

5.1 案 例 说 明

5.1.1 数据来源

本书医院项目类型的建筑案例分析材料来源于广东省汕头市某大学医学院第一附属医院后勤综合楼建设项目，位于汕头市长平路。工程为 1 幢 7 层楼房，其中 2～3 层为食堂，4 层为营养科值班房，1 层和 5～6 层为仓库、储藏间、保卫器械库，7 层为氧气值班房及配套设备场地，总建筑面积为 $1601m^2$，抗震设防烈度为 8 度。该项目工程具有治疗、饮食、居住、仓储等诸多功能，能够较好地反映医院项目类型工程的基本功能与特征。因此，选择该项目作为研究对象具有代表性。

5.1.2 数据整理

通过数据整理，可得出医院建筑项目的各种主要建材清单，见表 5-1。

医院建筑项目的主要建材清单

表 5-1

项目名称	总量（kg）	平均（kg/m²）
商品混凝土	1868802.662	1167.272119
硅酸盐水泥	180397.4208	112.6779643
钢筋	151624.6	94.70618364
砌体	358205.2472	223.738443
砂	622160.16	388.6072205
水泥砂浆	255336.4	159.4855715
涂料	11770.0662	7.351696565

项目施工阶段总用电量为 18292.1938kW·h，项目总建筑面积为 $1601m^2$，则单位建筑面积的施工耗电量为 $11.4254802kW·h/m^2$。本项目为市内运输，因此本书假设材料运输距离为 20km，作短距离运送。由此可计算出单位建筑面积的建筑材料运输计量：

建材运输计量＝建材运输重量(t)×运输距离(km)

$$=2.153839198t\times20km$$
$$=43.07678396t\cdot km$$

因此，建材运输计量取 43.07678396t·km。

5.2　影　响　评　价

5.2.1　医院建筑物化阶段影响评价

根据整理数据组装医院建筑物化阶段 SimaPro 模型，如图 5-1 所示。

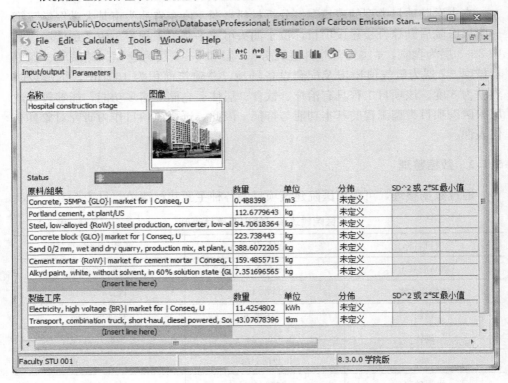

图 5-1　医院建筑物化阶段 SimaPro 模型

根据组装模型进行软件分析计算，可得出医院建筑物化阶段环境排放结构网状图，如图 5-2 所示。

图 5-2 中，结构网状图通过流向箭头的粗细表示贡献率。结合上图计算结果可以得出医院建筑在物化阶段单位建筑面积的各主要建材与相关因素的环境排放贡献率，见表 5-2。

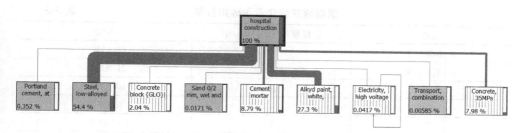

图 5-2　医院建筑物化阶段环境排放结构网状图

医院建筑单位建筑面积各建材与相关过程环境贡献率　　　表 5-2

医院建筑主要建材与相关因素名称	环境排放量（kg）	环境排放贡献率
商品混凝土	5.15	7.98%
硅酸盐水泥	0.227	0.352%
钢筋	35.1	54.4%
砌体	1.32	2.04%
砂	0.011	0.0171%
水泥砂浆	5.68	8.79%
涂料	17.6	27.3%
施工耗电	0.0269	0.0417%
市内运输	0.00378	0.00585%

由上表可知，医院建筑在物化阶段，对环境排放贡献最大的是钢筋，占比 54.4%；随后是涂料，占比 27.3%；接下来是水泥砂浆，占比 8.79%；然后到商品混凝土，占比 7.98%；往后是砌体、硅酸盐水泥、施工耗电、砂、市内运输等。

医院建筑物化阶段的碳排放量汇总如图 5-3 所示。

整理结果见表 5-3。

No	substance	compar	unit	Total	Portland cement, at	Steel, low-alloyed	Concrete block {GLO} market	Sand 0/2 mm, wet and dry	Cement mortar {RoW} market	Alkyd paint, white, without	Electricity, high voltage {BR}	Transport, combination	Concrete, 35MPa {GLO}
	Total		g CO2 eq	7.11E5	1.54E5	2.85E5	2.08E4	947	4.25E4	3.37E4	1.67E3	4.83E3	1.68E5
1	Carbon dioxide	空气	g CO2 eq	4.31E4	4.21E4	x	x	909	x	x	x	x	x
2	Carbon dioxide, fossil	空气	g CO2 eq	6.29E5	1.08E5	2.64E5	2.01E4	x	4.1E4	2.61E4	871	4.68E3	1.64E5
3	Carbon dioxide, land tran	空气	g CO2 eq	5.91E3	x	115	5.95	x	9.96	5.45E3	306	x	21.3
4	Carbon dioxide, to soil or	土壤	g CO2 eq	-0.0655	x	-0.000157	5.95	x	-4.1E-5	-0.0652	-1.52E-7	x	-5.43E-5
5	Chloroform	空气	g CO2 eq	0.0517	0.0107	0.0323	x	0.000267	0.00125	0.00648	1.1E-5	3.62E-8	0.000668
6	Dinitrogen monoxide	空气	g CO2 eq	1.59E3	1.33E3	-985	107	4.39	x	x	162	188	713
7	Ethane, 1,1,1-trichloro-,	空气	g CO2 eq	0.0321	0.0169	0.0108	0.000294	x	0.000999	0.000669	5.54E-6	1.93E-5	0.00242
8	Methane	空气	g CO2 eq	2.14E3	1.96E3	0.0211	0.00143	33.2	x	0.00063	0.00226	5.54E-6	0.00242
9	Methane, biogenic	空气	g CO2 eq	-316	x	-731	7.99	x	279	-248	292	x	84.1
10	Methane, bromo-, Halon	空气	g CO2 eq	0.00483	0.00483	3.59E-6	2.4E-10	x	2.9E-10	3.83E-9	7.66E-12	1.64E-8	2.24E-9
11	Methane, bromotrifluoro-,	空气	g CO2 eq	13.3	x	6.65	0.613	x	1.04	0.73	0.043	x	4.22
12	Methane, chlorodifluoro-,	空气	g CO2 eq	152	x	134	2.67	0.0272	1.54	7.43	0.0185	x	6.83
13	Methane, dichloro-, HCC-	空气	g CO2 eq	-17.6	0.0258	-17.4	-0.0556	2.38E-11	-0.021	-0.048	-0.00155	0.000342	-0.165
14	Methane, dichlorodifluoro-	空气	g CO2 eq	-2.58	0.00057	0.0924	0.00125	0.155	0.0259	-1.98	0.000339	0.0018	-0.877
15	Methane, fossil	空气	g CO2 eq	3.04E4	98.7	2.3E4	658	x	1.09E3	2.37E3	17.1	5.6	3.14E3
16	Methane, monochloro-, R	空气	g CO2 eq	0.0972	0.0512	0.0327	0.000889	x	0.00302	0.00203	1.68E-5	1.74E-7	0.00732
17	Methane, tetrachloro-, CF	空气	g CO2 eq	7.2	9.68E-6	1.05	0.0361	x	0.016	5.95	0.000329	3.06E-5	0.146
18	Methane, tetrafluoro-, CF	空气	g CO2 eq	53.1	x	17.2	5.63	0.00101	3.73	3.73	0.153	x	22.6

图 5-3　医院建筑物化阶段的碳排放量汇总

医院建筑物化阶段碳排放量　　　　　表 5-3

名称	碳排放量（kg CO₂ eq）	占比
商品混凝土	168	23.614%
硅酸盐水泥	154	21.646%
钢筋	285	40.059%
砌体	20.8	2.924%
砂	0.947	0.133%
水泥砂浆	42.5	5.974%
涂料	33.7	4.737%
施工耗电	1.67	0.235%
市内运输	4.83	0.679%
汇总	711	100%

　　由图 5-3 结合表 5-3 可知，医院建筑物化阶段的单位建筑面积碳排放量为 0.711t CO₂ eq。

　　医院建筑的物化阶段的特征化图如图 5-4 所示。特征化分析结果用柱状图表示在每一种环境影响类型下的各种主要建材或耗能过程的贡献比例关系。

　　根据特征化柱状图整理出医院建筑物化阶段各主要建材或耗能过程对各环境

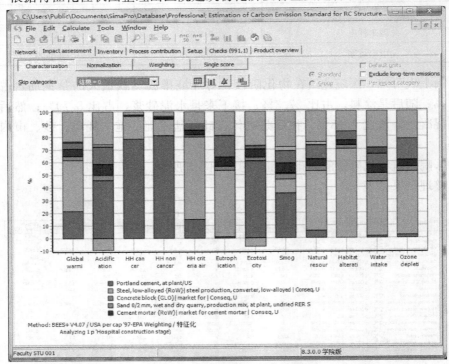

图 5-4　医院建筑物化阶段特征化

影响类别的贡献率，见表 5-4。

医院建筑物化阶段各主要建材的环境排放贡献率　　　　表 5-4

名称	全球变暖	酸化	富营养化	生态毒性	烟雾	自然资源消耗	栖息地的改变	臭氧消耗
商品混凝土	23.6%	25.7%	18.9%	27%	28.3%	24.5%	16.1%	21.9%
硅酸盐水泥	21.6%	45.7%	1.14%	61.1%	35.3%	5.73%	—	2.04%
钢筋	40.1%	-9.47%	52.5%	-6.84%	11%	46.9%	70.1%	50.5%
砌体	2.93%	4.03%	2.91%	2.34%	4.28%	3.58%	2.84%	3.45%
砂	0.13%	—	—	—	0.52%	0.251%	—	—
水泥砂浆	5.98%	8.34%	7.51%	6.72%	7.86%	5.7%	3.91%	5.42%
涂料	4.74%	13.5%	16.6%	2.43%	9.59%	10.9%	6.97%	16.4%
施工耗电	0.24%	—	0.357%	0.134%	—	0.272%	—	0.218%
市内运输	0.679%	1.86%	—	—	2.95%	2.11%	—	—

注："—"号表示该项贡献率为零或约为零，结果不予显示。

由表 5-4 中可看出钢筋对酸化与生态毒性的影响为负值，说明对该影响具有正面的作用。而砂、施工耗电与市内运输这三项对各种环境影响较小。由上表可知在医院建筑的物化阶段，各建材或施工耗能过程中以钢筋、商品混凝土与硅酸盐水泥这 3 种建材的环境贡献为最，其次为水泥砂浆与涂料。

5.2.2　医院建筑全生命周期影响评价

医院建筑全生命周期模型建立如图 5-5 所示。

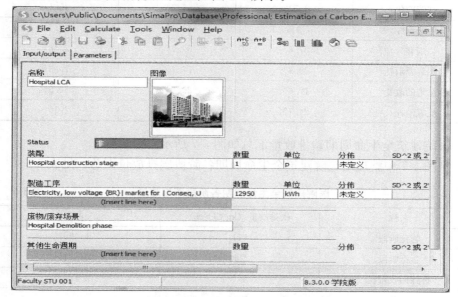

图 5-5　医院建筑全生命周期 SimaPro 模型

　　根据组装模型进行软件分析计算，可得出医院建筑全生命周期的环境排放结构网状图如图 5-6 所示。

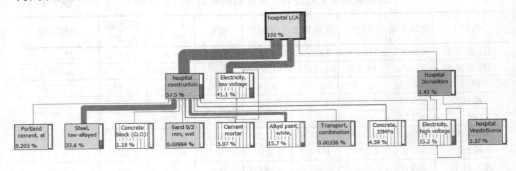

图 5-6　医院建筑全生命周期的环境排放结构网状图

　　由图 5-6 可知医院建筑的环境排放以物化阶段为最，占比 57.5%；运维阶段占比 41.1%；而拆除回收阶段占比仅为 1.41%。

　　医院建筑全生命周期各阶段对于环境排放的贡献率汇总，见表 5-5。

医院建筑全生命周期各阶段对于环境排放的贡献率　　　　　　　表 5-5

环境因素	物化阶段	运营与维护阶段	拆除回收阶段
全球变暖	21%	66.9%	12.1%
酸化	14.6%	83.7%	1.72%
富营养化	8.73%	56.2%	35.1%
生态毒性	3%	64.5%	32.5%
烟雾	27.6%	69.9%	2.48%
自然资源消耗	20.9%	77.3%	1.83%
栖息地的改变	17.6%	29.5%	52.9%
臭氧消耗	24.7%	73.1%	2.19%

　　医院建筑全生命周期碳排放量汇总如图 5-7 所示。

　　从图 5-7 中整理出医院建筑全生命周期各阶段碳排放量汇总，见表 5-6。

医院建筑全生命周期各阶段碳排放量　　　　　　　表 5-6

名称	碳排放量（kg CO_2 eq）	占比
物化阶段	711	21.029%
运维阶段	2260	66.844%
拆除回收阶段	410	12.127%
汇总	3390	100%

No	substance	compai	unit	Total	hospital construction	Electricity, low voltage {BR}|	Hospital Demolition
	Total		g CO2 eq	3.39E6	7.11E5	2.26E6	4.1E5
1	Carbon dioxide	空气	g CO2 eq	4.31E4	4.31E4	x	x
2	Carbon dioxide, fossil	空气	g CO2 eq	1.84E6	6.29E5	1.19E6	2.22E4
3	Carbon dioxide, land tran:	空气	g CO2 eq	4.15E6	5.91E3	4.08E5	458
4	Carbon dioxide, to soil or	土壤	g CO2 eq	-0.0657	-0.0655	-0.000233	-9.37E-6
5	Chloroform	空气	g CO2 eq	0.0697	0.0517	0.0172	0.000842
6	Dinitrogen monoxide	空气	g CO2 eq	2.55E5	1.59E3	2.52E5	1.47E3
7	Ethane, 1,1,1-trichloro-, I	空气	g CO2 eq	0.0425	0.0321	0.00931	0.00109
8	Methane	空气	g CO2 eq	2.14E3	2.14E3	0.0134	0.000294
9	Methane, biogenic	空气	g CO2 eq	7.54E5	-316	3.9E5	3.65E5
10	Methane, bromo-, Halon :	空气	g CO2 eq	0.00483	0.00483	1.18E-8	3.73E-10
11	Methane, bromotrifluoro-,	空气	g CO2 eq	73	13.3	58.1	1.66
12	Methane, chlorodifluoro-,	空气	g CO2 eq	184	152	31.3	0.765
13	Methane, dichloro-, HCC-	空气	g CO2 eq	-20.4	-17.6	-2.75	-0.0255
14	Methane, dichlorodifluoro	空气	g CO2 eq	-2.13	-2.58	0.442	0.0086
15	Methane, fossil	空气	g CO2 eq	7.59E4	3.04E4	2.5E4	2.06E4
16	Methane, monochloro-, R	空气	g CO2 eq	0.129	0.0972	0.0282	0.00331
17	Methane, tetrachloro-, CF	空气	g CO2 eq	8.03	7.2	0.619	0.214
18	Methane, tetrafluoro-, CF	空气	g CO2 eq	392	53.1	337	1.58

图 5-7　医院建筑全生命周期碳排放汇总

从表 5-6 中可以知道，在医院建筑的全生命周期中，运维阶段碳排放量为 2260kg CO_2 eq，占比 66.844%；其次到物化阶段碳排放量为 711kg CO_2 eq，占比 21.029%；最后是拆除回收阶段，其碳排放量为 410kg CO_2 eq，占比 12.127%。整个医院建筑全生命周期中，单位建筑面积碳排放量为 3390kg CO_2 eq/m^2。

6 商业办公楼 LCA 碳排放评估

6.1 案例说明

6.1.1 数据来源

本书商业项目类型的建筑案例分析材料来源于陕西省某建设公司办公楼,该建筑占地面积为 563.96m²,总建筑面积为 3032.45m²,建筑高度为 23.40m,层数为 6 层。建筑结构形式采用框架结构,基础为独立基础。设计使用年限为 50 年,建筑结构按六度四级地震设防。防火设计的建筑分类为二类多层建筑,耐火等级为二级。该项目工程为典型的商业办公用楼,选择该项目作为研究对象具有代表性。

6.1.2 数据整理

通过数据整理,可得出商业办公楼项目的各种主要建材清单,见表 6-1。

商业办公楼主要建材清单 表 6-1

项目名称	总量(kg)	平均(kg/m²)
混凝土	2948512.647	972.3202845
砌体	1040565.75	343.1435803
钢筋	165440	54.55654669
水泥砂浆	318841.962	105.1433534
涂料	22324.773	7.361959142

本项目为市内运输,因此本书假设材料运输距离为 20km,作短距离运送。由此可计算出单位建筑面积的建筑材料运输计量:

建材运输计量=建材运输重量(t)×运输距离(km)

$$=1.482525724t×20km$$

$$=29.65051448t \cdot km$$

因此,建材运输计量取 29.65051448t · km。

6.2　影　响　评　价

6.2.1　商业办公楼物化阶段影响评价

组装物化阶段 SimaPro 模型，如图 6-1 所示。

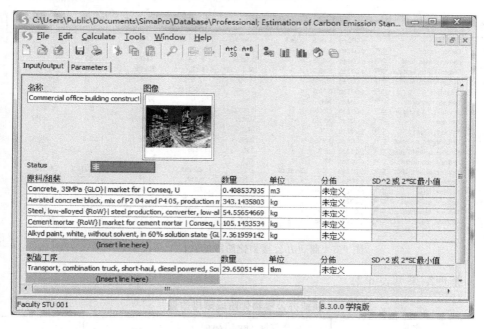

图 6-1　商业办公楼物化阶段 SimaPro 模型

根据组装模型进行软件分析计算，可得出商业办公楼物化阶段环境排放结构网状图，如图 6-2 所示。

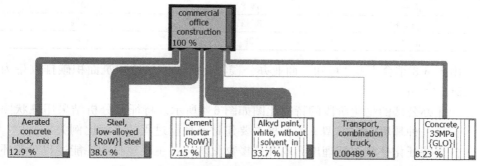

图 6-2　商业办公楼物化阶段环境排放结构网状图

图 6-2 中，结构网状图通过流向箭头的粗细表示贡献率。由上图计算结果可以得出，商业办公楼在物化阶段，对环境排放贡献最大的是钢筋，占比 38.6%；随后是涂料，占比 33.7%；接下来是砌体，占比 12.9%；然后到混凝土，占比 8.23%；往后是水泥砂浆，占比 7.15%；贡献率最小的是市内运输，仅为 0.00489%。

商业办公楼物化阶段的碳排放量汇总如图 6-3 所示。

No	substance /	compar	unit	Total	Aerated concrete block,	Steel, low-alloyed	Cement mortar {RoW}| market	Alkyd paint, white, without	Transport, combination	Concrete, 35MPa {GLO}|
	Total		g CO2 eq	5.29E5	1.59E5	1.64E5	2.8E4	3.38E4	3.28E3	1.4E5
1	Carbon dioxide	空气	g CO2 eq	1.54E5	1.54E5	x	x	x	x	x
2	Carbon dioxide, fossil	空气	g CO2 eq	3.45E5	x	1.52E5	2.7E4	2.61E4	3.17E3	1.37E5
3	Carbon dioxide, land tran:	空气	g CO2 eq	5.55E3	x	66.1	6.57	5.46E3	x	17.8
4	Carbon dioxide, to soil or	土壤	g CO2 eq	-0.0655	x	-9.05E-5	-2.7E-5	-0.0653	x	-4.54E-5
5	Chloroform	空气	g CO2 eq	0.0265	x	0.0186	0.000822	0.00648	2.46E-8	0.000559
6	Dinitrogen monoxide	空气	g CO2 eq	564	353	-567	107	72.9	2.12	597
7	Ethane, 1,1,1-trichloro-,	空气	g CO2 eq	0.0096	x	0.00623	0.000659	0.00067	1.31E-5	0.00202
8	Methane, biogenic	空气	g CO2 eq	3.93E3	3.83E3	0.0121	0.000415	0.00226	97.7	0.00357
9	Methane, biogenic	空气	g CO2 eq	-416	x	-421	184	-249	x	70.3
10	Methane, bromo-, Halon :	空气	g CO2 eq	1.91E-8	x	2.07E-8	1.91E-10	3.83E-9	1.11E-8	1.87E-9
11	Methane, bromotrifluoro-,	空气	g CO2 eq	10.2	1.46	3.83	0.686	0.731	x	3.53
12	Methane, chlorodifluoro-,	空气	g CO2 eq	92	0.78	77.1	1.02	7.44	x	5.72
13	Methane, dichloro-, HCC-	空气	g CO2 eq	-10.2	3.14E-10	-10	-0.0138	-0.0448	0.000232	-0.138
14	Methane, dichlorodifluoro	空气	g CO2 eq	1.8	4.45	0.0532	0.0171	-1.98	0.00122	-0.734
15	Methane, fossil	空气	g CO2 eq	1.9E4	x	1.32E4	722	2.37E3	3.8	2.63E3
16	Methane, monochloro-, R	空气	g CO2 eq	0.029	x	0.0189	0.00199	0.00203	1.18E-7	0.00612
17	Methane, tetrachloro-, CF	空气	g CO2 eq	6.69	x	0.605	0.0105	5.96	2.07E-5	0.122
18	Methane, tetrafluoro-, CF	空气	g CO2 eq	1.07E3	1.03E3	9.94	2.46	3.73	2.07E-5	18.9

图 6-3　商业办公楼物化阶段的碳排放量汇总

整理结果见表 6-2。

商业办公楼物化阶段碳排放量　　　　　　　　　　表 6-2

名称	碳排放量（kg CO₂ eq）	占比
混凝土	140	26.51%
砌体	159	30.11%
钢筋	164	31.05%
水泥砂浆	28	5.30%
涂料	33.8	6.40%
市内运输	3.33	0.63%
汇总	529	100%

由图 6-3 结合表 6-2 可知，商业办公楼物化阶段的单位建筑面积碳排放量为 0.529t CO₂ eq。

商业办公楼的物化阶段的特征化图如图 6-4 所示。特征化分析结果用柱状图表示在每一种环境影响类型下的各种主要建材或耗能过程的贡献比例关系。

根据特征化柱状图整理出商业办公楼物化阶段各主要建材或耗能过程对各环境影响类别的贡献率，见表 6-3。

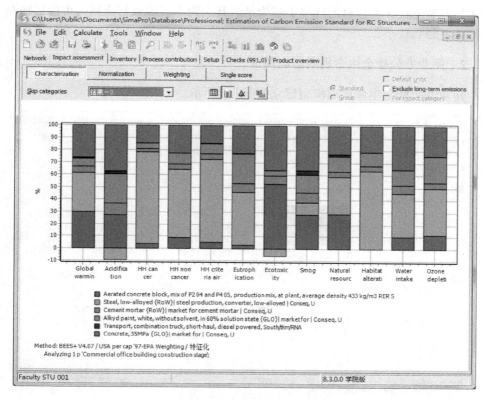

图 6-4　商业办公楼的物化阶段特征化图

商业办公楼物化阶段各主要建材的环境排放贡献率　　表 6-3

名称	钢筋	砌体	水泥砂浆	涂料	市内运输	混凝土
全球变暖	31.1%	30.1%	5.3%	6.39%	0.629%	26.5%
酸化	−9.47%	27.4%	9.54%	23.5%	2.22%	37.4%
富营养化	43.4%	2.8%	7.11%	23.9%	0.161%	22.7%
生态毒性	−6.28%	52.8%	7.06%	3.87%	0.25%	36%
烟雾	9.71%	28.3%	7.92%	14.7%	3.11%	36.2%
自然资源消耗	30.3%	28.7%	4.21%	12.2%	1.63%	23%
栖息地的改变	63.7%	—	4.06%	11%	—	21.2%
臭氧消耗	38.2%	11.6%	4.69%	21.5%	—	24%

注："—"号表示该项贡献率为零或约为零，结果不予显示。

由表 6-3 中可看出钢筋对酸化与生态毒性的影响为负值，说明对该影响具有正面的作用。可知在商业办公楼的物化阶段，各建材或施工耗能过程中以钢筋、砌体与混凝土这 3 种建材的环境贡献为最，其次为水泥砂浆与涂料，市内运输对各种环境影响较小。

6.2.2　商业办公楼全生命周期影响评价

商业办公楼全生命周期模型建立如图 6-5 所示。

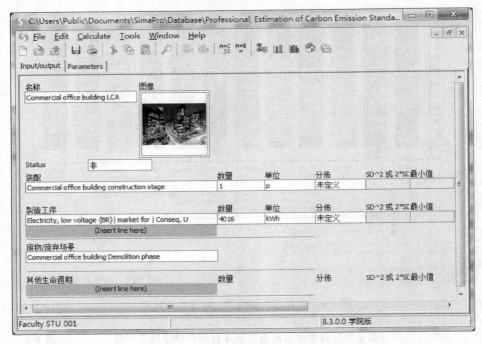

图 6-5　商业办公楼全生命周期 SimaPro 模型

根据组装模型进行软件分析计算，可得出商业办公楼全生命周期的环境排放结构网状图，如图 6-6 所示。

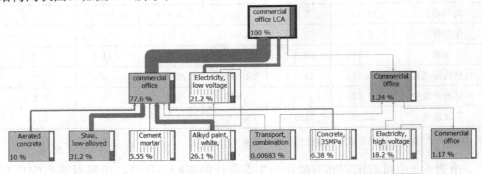

图 6-6　商业办公楼全生命周期的环境排放结构网状图

由图 6-6 可知，商业办公楼的环境排放以物化阶段为最，占比 77.6%；运维阶段占比 21.2%；而拆除回收阶段占比仅为 1.23%。

商业办公楼全生命周期各阶段对于环境排放的贡献率汇总见表 6-4。

商业办公楼全生命周期各阶段对于环境排放的贡献率　　表 6-4

环境因素	物化阶段	运营与维护阶段	拆除回收阶段
全球变暖	36.7%	48.8%	14.5%
酸化	23.8%	73.6%	2.6%
富营养化	14.6%	42%	43.4%
生态毒性	4.94%	52.1%	43%
烟雾	43.9%	52.9%	3.18%
自然资源消耗	42.8%	54.9%	2.25%
栖息地的改变	23.4%	19.2%	57.4%
臭氧消耗	44.2%	53.1%	2.73%

商业办公楼全生命周期碳排放量汇总如图 6-7 所示。

No	substance /	compa	unit	Total	commercial office	Electricity, low voltage {BR}	Commercial Office Demolition
	Total		g CO2 eq	1.44E6	5.29E5	7.02E5	2.12E5
1	Carbon dioxide	空气	g CO2 eq	1.54E5	1.54E5	x	x
2	Carbon dioxide, fossil	空气	g CO2 eq	7.29E5	3.45E5	3.69E5	1.45E4
3	Carbon dioxide, land tran:	空气	g CO2 eq	1.33E5	5.55E3	1.27E5	447
4	Carbon dioxide, to soil or	土壤	g CO2 eq	-0.0655	-0.0655	-7.22E-5	-4.93E-6
5	Chloroform	空气	g CO2 eq	0.0323	0.0265	0.00532	0.000438
6	Dinitrogen monoxide	空气	g CO2 eq	7.95E4	564	7.81E4	878
7	Ethane, 1, 1, 1-trichloro-,	空气	g CO2 eq	0.0131	0.0096	0.00289	0.00057
8	Methane	空气	g CO2 eq	4.01E3	3.93E3	0.00414	78.2
9	Methane, biogenic	空气	g CO2 eq	3.06E5	-416	1.21E5	1.85E5
10	Methane, bromo-, Halon	空气	g CO2 eq	3.18E-8	1.91E-8	3.65E-9	9.08E-9
11	Methane, bromotrifluoro-,	空气	g CO2 eq	29.1	10.2	18	0.885
12	Methane, chlorodifluoro-,	空气	g CO2 eq	102	92	9.7	0.404
13	Methane, dichloro-, HCC-	空气	g CO2 eq	-11.1	-10.2	-0.852	-0.014
14	Methane, dichlorodifluoro	空气	g CO2 eq	1.94	1.8	0.137	0.00564
15	Methane, fossil	空气	g CO2 eq	3.74E4	1.9E4	7.74E3	1.07E4
16	Methane, monochloro-, R	空气	g CO2 eq	0.0394	0.029	0.00873	0.00169
17	Methane, tetrachloro-, CF	空气	g CO2 eq	7	6.69	0.192	0.109
18	Methane, tetrafluoro-, CF	空气	g CO2 eq	1.17E3	1.07E3	105	0.914

图 6-7　全生命周期碳排放量汇总图

从图 6-7 中整理出商业办公楼全生命周期各阶段碳排放量汇总见表 6-5。

商业办公楼全生命周期各阶段碳排放量　　　　　　　表 6-5

名称	碳排放量（kg CO₂ eq）	占比
物化阶段	529	36.74%
运维阶段	702	48.75%
拆除回收阶段	209	14.51%
汇总	1440	100%

从表 6-5 可知，在商业办公楼的全生命周期中，运维阶段碳排放量为 702kg CO_2 eq，占比 48.75%；其次到物化阶段碳排放量为 529kg CO_2 eq，占比 36.74%；最后是拆除回收阶段，其碳排放量为 209kg CO_2 eq，占比 14.51%。整个商业办公楼全生命周期中，单位建筑面积碳排放量为 1440kg CO_2 eq/m^2。

7 学校建筑 LCA 碳排放评估

7.1 案 例 说 明

7.1.1 数据来源

本书学校项目类型的建筑案例分析材料来源于浙江省嘉兴市某学院实训楼建设项目，位于嘉兴市经济开发区文博路。本工程无地下室，地上5层。1层设有9个普通教室、3个合班教室及教研室、饮水间、配电间等；2~4层设有9个普通教室及教研室、饮水间、配电间等；5层设有12个普通教室及配电间等。总建筑面积为4981m²，抗震设防烈度为8度，结构形式为框架结构。该楼为平屋顶，屋顶无采光窗。该项目工程具有普通教室、合班教室、教研室、饮水间等诸多教学功能房间，能够较好地反映学校建筑项目类型工程的基本功能与特征，因此，选择该项目作为本次研究的对象具有代表性。

7.1.2 数据整理

通过整理，可得出嘉兴市某学院实训楼工程的各种主要建材清单，见表7-1。

嘉兴市某学院实训楼工程主要建材清单 表7-1

名称	钢筋（kg）	混凝土（m³）	砌体（kg）	涂料（kg）	水泥砂浆（kg）
数量	53.527	0.502787593	233.99	4.268219233	120.0899418

本项目地点在市内，假设材料市内运输距离为20km，作短距离运送，混凝土按2.385t/m³计算。由此可计算出单位建筑面积的建筑材料运输计量：

建材运输计量＝建材运输重量(t)×运输距离(km)

$$=1.611023161t×20km$$

$$=32.22046322t \cdot km$$

因此，建材运输计量取32.22046322t·km。

7.2 影响评价

7.2.1 学校建筑物化阶段影响评价

组装物化阶段 SimaPro 模型，如图 7-1 所示。

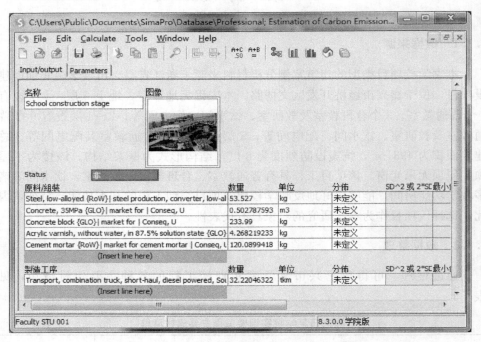

图 7-1 学校建筑物化阶段 SimaPro 模型

根据组装模型进行软件分析计算，可得出学校建筑物化阶段环境排放结构网状图，如图 7-2 所示。

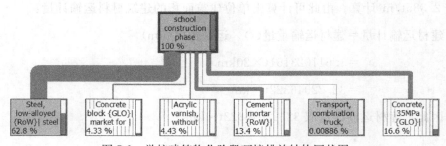

图 7-2 学校建筑物化阶段环境排放结构网状图

　　图 7-2 中，结构网状图通过流向箭头的粗细表示贡献率。由上图计算结果可以得出，学校建筑在物化阶段，对环境排放贡献最大的是钢筋，占比 62.8%；随后是混凝土，占比 16.6%；接下来是水泥砂浆，占比 13.4%；然后到涂料，占比 4.43%；往后是砌体，占比 4.33%；贡献率最小的是市内运输，仅为 0.00886%。

　　学校建筑物化阶段的碳排放量汇总如图 7-3 所示。

No	substance	/	compar	unit	Total	Steel, low-alloyed	Concrete block {GLO}| market	Acrylic varnish, without water	Cement mortar {RoW}| market	Transport, combination	Concrete, 35MPa {GLO}|
	Total			g CO2 eq	4.01E5	1.61E5	2.18E4	1.02E4	3.2E4	3.61E3	1.73E5
1	Carbon dioxide, fossil	空气		g CO2 eq	3.82E5	1.49E5	2.1E4	9.39E3	3.08E4	3.5E3	1.68E5
2	Carbon dioxide, land tran	空气		g CO2 eq	109	64.8	6.22	8.71	7.5	x	21.9
3	Carbon dioxide, to soil or	土壤		g CO2 eq	-0.00020	-8.88E-5	-2.47E-5	-7.01E-6	-3.09E-5	x	-5.59E-5
4	Chloroform	空气		g CO2 eq	0.0219	0.0183	0.000279	0.00173	0.000939	2.71E-8	0.000688
5	Dinitrogen monoxide	空气		g CO2 eq	373	-557	112	-41.1	122	2.39	734
6	Ethane, 1, 1, 1-trichloro-,	空气		g CO2 eq	0.0102	0.00611	0.000307	0.000502	0.000752	1.44E-5	0.00249
7	Methane	空气		g CO2 eq	108	0.0119	0.00149	0.000819	0.000475	108	0.0044
8	Methane, biogenic	空气		g CO2 eq	-148	-413	8.35	-40.1	210	x	86.6
9	Methane, bromo-, Halon	空气		g CO2 eq	1.8E-8	2.03E-9	2.51E-10	9.75E-10	2.18E-10	1.23E-8	2.31E-9
10	Methane, bromotrifluoro-	空气		g CO2 eq	9.83	3.76	0.641	0.305	0.783	x	4.34
11	Methane, chlorodifluoro-	空气		g CO2 eq	88.4	75.6	2.79	1.82	1.16	x	7.04
12	Methane, dichloro-, HCC-	空气		g CO2 eq	-10.1	-9.83	-0.0582	-0.0141	-0.0158	0.000256	-0.17
13	Methane, dichlorodifluoro	空气		g CO2 eq	-2.49	0.0522	0.00131	-1.66	0.0195	0.00135	-0.903
14	Methane, fossil	空气		g CO2 eq	1.86E4	1.3E4	688	880	824	4.19	3.24E3
15	Methane, monochloro-, R	空气		g CO2 eq	0.0308	0.0185	0.00093	0.00152	0.00228	1.3E-7	0.00754
16	Methane, tetrachloro-, CF	空气		g CO2 eq	2.16	0.593	0.0384	1.37	0.012	2.29E-5	0.15
17	Methane, tetrafluoro-, CF	空气		g CO2 eq	44.2	9.75	5.89	2.43	2.81	x	23.3

图 7-3　学校建筑物化阶段的碳排放量汇总

整理结果见表 7-2。

学校建筑物化阶段碳排放量　　　　　　　　表 7-2

名称	碳排放量（kg CO₂eq）	占比
钢筋	161	40.089%
砌体	21.8	5.428%
涂料	10.2	2.540%
水泥砂浆	32	7.968%
混凝土	173	43.077%
市内运输	3.61	0.899%
汇总	401	100%

　　由图 7-3 结合表 7-2 可知，学校建筑物化阶段的单位建筑面积碳排放量为 0.401t CO₂eq。

　　学校建筑物化阶段的特征化图如图 7-4 所示。特征化分析结果用柱状图表示在每一种环境影响类型下的各种主要建材或耗能过程的贡献比例关系。

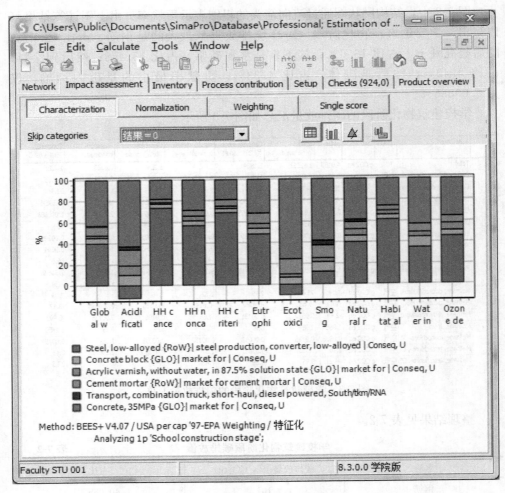

图 7-4 学校建筑物化阶段特征化图

　　根据特征化柱状图整理出学校建筑物化阶段各主要建材或耗能过程对各环境
影响类别的贡献率，见表 7-3。

学校建筑物化阶段各主要建材的环境排放贡献率　　　　　　　　　　　表 7-3

名称	钢筋	砌体	涂料	水泥砂浆	市内运输	混凝土
全球变暖	40.2%	5.43%	2.54%	7.98%	0.9%	43%
酸化	−12.7%	9.96%	9.17%	14.9%	3.29%	62.7%
富营养化	48.6%	4.99%	5.21%	9.26%	0.2%	31.8%
生态毒性	−10.5%	6.64%	3.66%	13.7%	0.463%	75.5%
烟雾	12.5%	8.95%	4.06%	11.8%	4.41%	58.3%

续表

名称	钢筋	砌体	涂料	水泥砂浆	市内运输	混凝土
自然资源消耗	40.5%	5.71%	6.34%	6.55%	2.41%	38.5%
栖息地的改变	61.5%	4.6%	3.66%	4.56%	—	25.7%
臭氧消耗	45.4%	5.73%	6.49%	6.5%	—	35.9%

注："—"号表示该项贡献率为零或约为零，结果不予显示。

由表 7-3 中可看出钢筋对酸化与生态毒性的影响为负值，说明对该影响具有正面的作用。可知在学校建筑的物化阶段，各建材或施工耗能过程中以钢筋与混凝土这两种建材的环境贡献为最，其次为水泥砂浆、砌体与涂料，市内运输对各种环境影响较小。

7.2.2　学校建筑全生命周期影响评价

学校建筑全生命周期模型建立如图 7-5 所示。

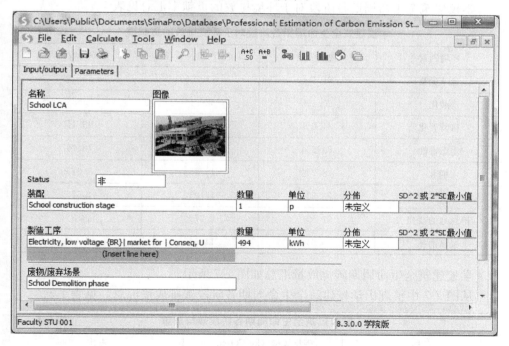

图 7-5　学校建筑全生命周期 SimaPro 模型

根据组装模型进行软件分析计算，可得出学校建筑全生命周期的环境排放结构网状图，如图 7-6 所示。

由图 7-6 可知学校建筑的环境排放以物化阶段为最，占比 92.9%；运维阶段

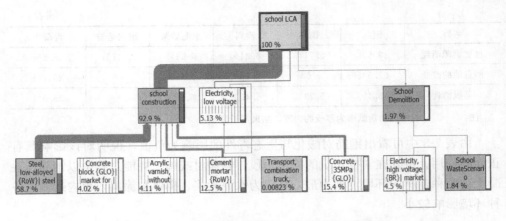

图 7-6　学校建筑全生命周期的环境排放结构网状图

占比 5.13％；而拆除回收阶段占比仅为 1.97％。

学校建筑全生命周期各阶段对于环境排放的贡献率汇总见表 7-4。

学校建筑全生命周期各阶段对于环境排放的贡献率　　　　　表 7-4

环境因素	物化阶段	运营与维护阶段	拆除回收阶段
全球变暖	61.4％	13.2％	25.3％
酸化	60.2％	32.3％	7.53％
富营养化	24.6％	9.91％	65.4％
生态毒性	6.42％	14.9％	78.7％
烟雾	78.7％	15.2％	6.01％
自然资源消耗	78.5％	16.9％	4.57％
栖息地的改变	32.9％	3.27％	63.8％
臭氧消耗	80.6％	14.5％	4.9％

学校建筑全生命周期碳排放量汇总如图 7-7 所示。

从图 7-7 中整理出学校建筑全生命周期各阶段碳排放量汇总，见表 7-5。

学校建筑全生命周期各阶段碳排放量　　　　　表 7-5

名称	碳排放量（kg CO_2 eq）	占比
物化阶段	401	61.371％
运维阶段	86.4	13.223％
拆除回收阶段	166	25.406％
汇总	653	100％

No	substance	/	compartm	unit	Total	School construction	Electricity, low voltage {BR}|	School Demolition
	Total			g CO2 eq	6.53E5	4.01E5	8.64E4	1.66E5
1	Carbon dioxide, fossil	空气		g CO2 eq	4.37E5	3.82E5	4.54E4	9.73E3
2	Carbon dioxide, land transformation	空气		g CO2 eq	1.61E4	109	1.56E4	445
3	Carbon dioxide, to soil or biomass stock	土壤		g CO2 eq	-0.00022	-0.000207	-8.89E-6	-4E-6
4	Chloroform	空气		g CO2 eq	0.0229	0.0219	0.000655	0.00035
5	Dinitrogen monoxide	空气		g CO2 eq	1.07E4	373	9.61E3	749
6	Ethane, 1,1,1-trichloro-, HCFC-140	空气		g CO2 eq	0.011	0.0102	0.000355	0.000444
7	Methane	空气		g CO2 eq	108	108	0.00051	0.000124
8	Methane, biogenic	空气		g CO2 eq	1.61E5	-148	1.49E4	1.46E5
9	Methane, bromo-, Halon 1001	空气		g CO2 eq	1.86E-8	1.8E-8	4.49E-10	1.57E-10
10	Methane, bromotrifluoro-, Halon 1301	空气		g CO2 eq	12.8	9.83	2.22	0.719
11	Methane, chlorodifluoro-, HCFC-22	空气		g CO2 eq	90	88.4	1.19	0.325
12	Methane, dichloro-, HCC-30	空气		g CO2 eq	-10.2	-10.1	-0.105	-0.0118
13	Methane, dichlorodifluoro-, CFC-12	空气		g CO2 eq	-2.47	-2.49	0.0169	0.00385
14	Methane, fossil	空气		g CO2 eq	2.79E4	1.86E4	952	8.34E3
15	Methane, monochloro-, R-40	空气		g CO2 eq	0.0332	0.0308	0.00107	0.00134
16	Methane, tetrachloro-, CFC-10	空气		g CO2 eq	2.27	2.16	0.0236	0.086
17	Methane, tetrafluoro-, CFC-14	空气		g CO2 eq	57.8	44.2	12.9	0.769

图 7-7　学校建筑全生命周期碳排放量汇总

从表 7-5 可得，在学校建筑的全生命周期中，物化阶段碳排放量为 401kg CO_2 eq，占比 61.371%；其次到拆除回收阶段碳排放量为 166kg CO_2 eq，占比 25.406%；最后是运维阶段，其碳排放量为 86.4kg CO_2 eq，占比 13.223%。整个学校建筑全生命周期中，单位建筑面积碳排放量为 653kg CO_2 eq/m²。

8 钢筋混凝土构造碳排放对比分析

8.1 钢筋混凝土构造物化阶段碳排放对比

对住宅、医院、商业楼与学校建筑共四种类型的钢筋混凝土构造进行物化阶段碳排放对比，其 SimaPro 模型建立如图 8-1 所示。

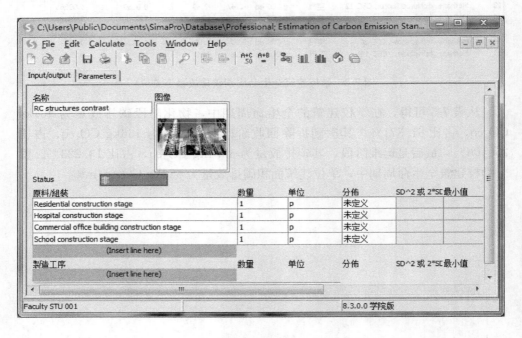

图 8-1 学校建筑物化阶段 SimaPro 模型

根据组装模型进行软件分析计算，可得出四种类型建筑的物化阶段环境排放结构网状图，如图 8-2 所示。

由图 8-2 可知，四种类型建筑物化阶段的环境排放以住宅建筑为最，占比 38.3%；其次为医院建筑，占比 26.8%；再次为商业办公楼建筑，占比 21.7%；最后是学校建筑，占比 13.2%。

四种类型的钢筋混凝土构造物化阶段对于环境排放的贡献率汇总见表 8-1。

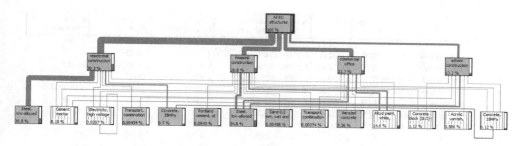

图 8-2　四种钢筋混凝土构造物化阶段环境排放对比结构网状图

四种类型的钢筋混凝土构造物化阶段对于环境排放的贡献率　　　表 8-1

环境因素	住宅建筑	医院建筑	商业建筑	学校建筑
全球变暖	43.1%	24.6%	18.3%	13.9%
酸化	26.8%	36.9%	21.2%	15%
富营养化	45.3%	23.7%	16.5%	14.5%
生态毒性	34%	33.3%	21%	11.8%
烟雾	36.4%	29.5%	19.3%	14.8%
自然资源消耗	42%	22.8%	20.3%	14.9%
栖息地的改变	47.2%	23.2%	14.7%	14.9%
臭氧消耗	42%	24.3%	18.5%	15.3%

四种类型钢筋混凝土构造物化阶段碳排放量汇总如图 8-3 所示。

从图 8-3 中整理出四种类型钢筋混凝土构造物化阶段碳排放量汇总，见表 8-2。

四种类型钢筋混凝土构造物化阶段碳排放量　　　　　　　　表 8-2

名称	碳排放量（kg CO$_2$eq）	占比
住宅建筑	1250	43.24%
医院建筑	711	24.59%
商业建筑	529	18.30%
学校建筑	401	13.87%

从表 8-2 中可知，四种类型钢筋混凝土构造物化阶段碳排放量以住宅建筑为最，碳排放量为 1250kg CO$_2$eq，占比 43.24%；其次为医院建筑，碳排放量为 711kg CO$_2$eq，占比 24.59%；而后是商业办公楼，碳排放量为 529kg CO$_2$eq，占比 18.30%；最小的是学校建筑，碳排放量为 401kg CO$_2$eq，占比 13.87%。

No	substance /	compai	unit	Total	residential construction	hospital construction	commercial office	school construction
	Total		g CO2 eq	2.89E6	1.25E6	7.11E5	5.29E5	4.01E5
1	Carbon dioxide	空气	g CO2 eq	2.27E5	3.03E4	4.31E4	1.54E5	x
2	Carbon dioxide, fossil	空气	g CO2 eq	2.51E6	1.15E6	6.29E5	3.45E5	3.82E5
3	Carbon dioxide, land tran:	空气	g CO2 eq	1.22E4	618	5.91E3	5.55E3	109
4	Carbon dioxide, to soil or	土壤	g CO2 eq	-0.132	-0.000588	-0.0655	-0.0655	-0.000207
5	Chloroform	空气	g CO2 eq	0.145	0.0446	0.0517	0.0265	0.0219
6	Dinitrogen monoxide	空气	g CO2 eq	4.7E3	2.17E3	1.59E3	564	373
7	Ethane, 1, 1, 1-trichloro-, r	空气	g CO2 eq	0.0783	0.0264	0.0321	0.0096	0.0102
8	Methane	空气	g CO2 eq	7.23E3	1.05E3	2.14E3	3.93E3	108
9	Methane, biogenic	空气	g CO2 eq	-776	103	-316	-416	-148
10	Methane, bromo-, Halon :	空气	g CO2 eq	0.00483	4.95E-8	0.00483	1.91E-8	1.8E-8
11	Methane, bromotrifluoro-,	空气	g CO2 eq	59.6	26.3	13.3	10.2	9.83
12	Methane, chlorodifluoro-,	空气	g CO2 eq	655	323	152	92	88.4
13	Methane, dichloro-, HCC-	空气	g CO2 eq	-76.9	-39	-17.6	-10.2	-10.1
14	Methane, dichlorodifluoro	空气	g CO2 eq	-5.37	-2.11	-2.58	1.8	-2.49
15	Methane, fossil	空气	g CO2 eq	1.28E5	5.99E4	3.04E4	1.9E4	1.86E4
16	Methane, monochloro-, R	空气	g CO2 eq	0.237	0.0797	0.0972	0.029	0.0308
17	Methane, tetrachloro-, CF	空气	g CO2 eq	18.9	2.82	7.2	6.69	2.16
18	Methane, tetrafluoro-, CF	空气	g CO2 eq	1.48E3	311	53.1	1.07E3	44.2

图 8-3　四种类型钢筋混凝土构造物化阶段碳排放量汇总

8.2　钢筋混凝土构造全生命周期碳排放对比

根据第 4~7 章的建筑全生命周期碳排放量计算结果，本节对住宅、医院、商业及学校四种类型的钢筋混凝土构造各自的全生命周期碳排放进行汇总，见表 8-3。

四种类型钢筋混凝土构造全生命周期碳排放量　　　　表 8-3

名称	碳排放量（kg CO_2 eq）	占比
住宅建筑	2063	27.34%
医院建筑	3390	44.92%
商业建筑	1440	19.08%
学校建筑	653	8.65%

从表 8-3 中可知，四种类型钢筋混凝土构造全生命周期碳排放量以医院建筑为最，单位建筑面积碳排放量为 3390kg CO_2 eq，占比 44.92%；其次为住宅建筑，其单位建筑面积碳排放量为 2063kg CO_2 eq，占比 27.34%；而后是商业办公楼，其单位建筑面积碳排放量为 1440kg CO_2 eq，占比 19.08%；最小的是学校建筑，其单位建筑面积碳排放量为 653kg CO_2 eq，占比 8.65%。

第四部分　交通基础设施生命
周期环境影响评价

9 桥梁项目 LCA 碳排放评估

9.1 案 例 说 明

9.1.1 数据来源

本书桥梁项目类型的建筑分析材料数据来源于郑州市郑东新区北三环跨西运河桥工程建设项目，位于龙湖地区西部北三环的快速道路上，桥全长 225m，规划红线宽为 80m，左右分幅布置。桥梁的有效宽度为：

左幅桥宽为：2.25m（锚索区）＋0.25m（人行道栏杆）＋4.25m（人行道）＋7m（非机动车道）＋0.5m（防护栏杆）＋12m（机动车道）＋0.5m（防撞墙）＋2.25m（锚索区）＝29m

右幅桥宽为：2.25m（锚索区）＋0.5m（防撞护栏）＋12m（机动车道）＋0.5m（防撞护栏）＋4.5m（非机动车道）＋4.25m（人行道）＋0.25m（人行道栏杆）＋2.25m（锚索区）＝26.5m

规划为：城市主干道路，规划为双向 6 车道，设计速度 60km/h。该研究项目在其建造过程中采取了多种污染防治措施，如水环境保护措施、空气环境保护措施及噪声降低措施等，减少了施工的额外排放，降低了数据收集的困难度，并且简化了数据分析过程。该桥梁的建设，为郑州市社会经济的发展带来新的活力和契机，对郑州市的拓展起了重要作用。因此，选择该项目作为本次研究对象具有一定的代表性。

9.1.2 数据整理

通过数据整理，可得出桥梁项目的各种主要建材清单，见表 9-1。

桥梁项目主要建材清单 表 9-1

材料	单位	工程量
铁件	kg/m²	60.77
钢筋	kg/m²	658.86
砂子	m³/m²	0.08
碎石	m³/m²	0.26

材料	单位	工程量
黏土	m^3/m^2	0.23
砾石	m^3/m^2	0.01
毛料石	m^3/m^2	0.05
天然石材	m^2/m^2	0.26
粉煤灰	kg/m^2	37.71
生石灰	kg/m^2	21.28
水泥	kg/m^2	1.60
丙烯酸彩砂涂料	kg/m^2	0.81
沥青混凝土	m^3/m^2	0.18
商品混凝土	m^3/m^2	4.06
催化剂	kg/m^2	7.14

该项目路线长 225m，路基宽度 55.5m，路面总面积为 12487.5m^2，其中物化阶段单位面积施工耗能为 12.131MJ/m^2。该项目假设材料运输距离为 20km，作短距离运送。由此可计算出单位面积的建筑材料运输计量：

$$建材运输计量 = 建材运输重量(t) \times 运输距离(km)$$
$$= 13.21\ t \times 20km$$
$$= 264.2\ t \cdot km$$

因此，建材运输计量取 264.2 t·km。

9.2　影　响　评　价

9.2.1　桥梁项目物化阶段影响评价

根据整理数据组装物化阶段 SimaPro 模型，如图 9-1 所示。

根据组装模型进行软件分析计算，可得出桥梁项目物化阶段环境排放结构网状图，如图 9-2 所示。

图 9-2 中，结构网状图通过流向箭头的粗细表示贡献率。结合上图计算结果可以得出，桥梁项目在物化阶段单位面积的各主要建材与相关因素的环境排放贡献率见表 9-2。

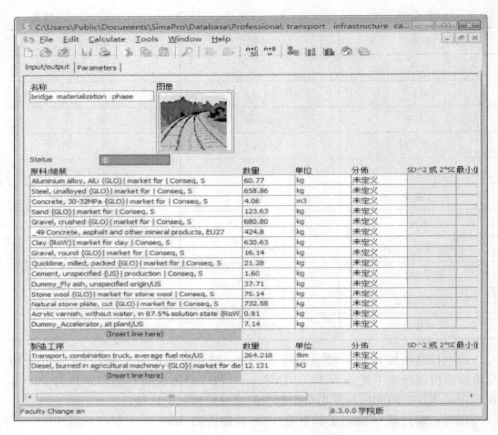

图 9-1　桥梁项目物化阶段 SimaPro 模型

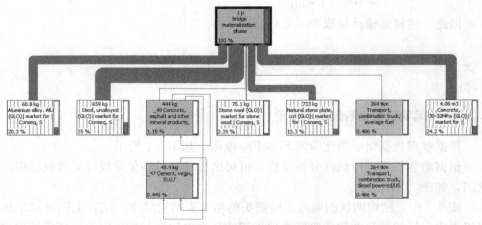

图 9-2　桥梁项目物化阶段环境排放结构网状图

桥梁项目单位建筑面积各建材与相关过程环境贡献率　　　　表 9-2

桥梁项目主要建材与相关因素名称	环境排放贡献率
铁件	20.3%
钢筋	35%
砂子	0.0534%
碎石	0.337%
黏土	0.211%
砾石	0.00704%
生石灰	0.354%
水泥	0.0238%
粉煤灰	≈0
毛料石	2.35%
天然石材	15.3%
丙烯酸涂料	0.0593%
催化剂	≈0
商品混凝土	24.2%
沥青混凝土	1.19%
施工耗电	0.063%
市内运输	0.468%

由上表可知，桥梁项目在物化阶段，对环境排放贡献最大的是钢筋，占比
35%；随后是商品混凝土，占比 24.2%；接下来是铁件，占比 20.3%；然后是
天然石材，占比 15.3%；往后是毛料石、沥青混凝土、市内运输、生石灰、碎
石、黏土、施工用电、丙烯酸涂料、砂子、水泥、砾石，其中粉煤灰、催化剂对
环境排放贡献约为 0。

桥梁项目物化阶段的碳排放量汇总如图 9-3 所示。

No	substance	/	compa	unit	Total	Aluminiu, alloy,	Steel, unalloye	Sand {GLO}	Gravel, crushed	_49 Concret	Clay {RoW}	Gravel, round	Quicklim milled,	Cement unspeci	Dummy ash,	Stone wool	Natural stone	Acrylic varnish,	Dummy at	Transpo combina	Diesel, burned	Concret 30-32M
	Total			g CO2 eq	5.03E6	1.21E6	1.86E6	1.47E3	1.23E4	7.75E4	7.39E3	193	2.62E4	1.47E3	x		1.02E5	3.66E5	1.95E3	x		2.44E4	2.48E3	1.33E6
1	Carbon dioxide	空气		g CO2 eq	0.321	x	x	x	0.313	x		0.0035	x	0.00417	x		x	x	x	x		x	x	x
2	Carbon dioxide, fossil	空气		g CO2 eq	4.64E6	1.06E6	1.7E6	1.4E3	1.15E4	7.45E4	6.99E3	184	2.59E4	1.45E3	x		9.12E4	3.34E5	1.75E3	x		2.36E4	2.32E3	1.3E6
3	Carbon dioxide, land transform	空气		g CO2 eq	9.52E3	7.05E3	1.28E3	1.03	13.2	x		3.19	0.106	3.93	-0.0159	x		9.18	998	1.9	x		3.41	94.6	
4	Carbon dioxide, to soil or bioma	土壤		g CO2 eq	-0.0016	-0.0003	-0.0006	-1.96E-E	x		x	-2.09E-5		-1.05E-5	x		-3.6E-E	-3.71E-	-7.22E-7	x		x	-1.08E-5	-0.0004
5	Chloroform	空气		g CO2 eq	0.287	0.124	0.133	0.112	0.0008S	x		0.00051	7.57E-6	0.0043	3.24E-5	x		0.00261	0.00966	0.00013	x		x	x	0.0153
6	Dinitrogen monoxide	空气		g CO2 eq	2.72E4	1.33E4	544	16.2	126	1.38E3	32.4	2.12	17	2.67	x		437	6.68E3	11.2	x		161	11.4	4.51E3
7	Ethane, 1, 1, 1-trichloro-, HCFC	空气		g CO2 eq	0.249	0.116	0.0712	5.29E-5	0.00078	x		0.00016	6.98E-6	0.00037	2.96E-5	x		0.00271	0.0405	0.00011	x		8.92E-5	0.00010	0.0173
8	Methane	空气		g CO2 eq	2.3E3	0.0361	0.121	7.54E-5	0.00128	1.65E3	0.00261	9.72E-6	0.00094	1.31E-5	x		0.0808	0.00299	0.00018	x		652	0.00017	0.0375
9	Methane, biogenic	空气		g CO2 eq	2.48E3	2.06E3	-1.65E3	0.494	9.59	x		x	x	x	x		83.8	1.73E3	0.0494	x		x	-1.57	186
10	Methane, bromo-, Halon 1001	空气		g CO2 eq	1.28E-7	5.27E-8	-2.62E-E	2.12E-1	2.28E-1i	x		2E-10	2.52E-1	3.57E-1	1.79E-1	x		8.23E-9	9.89E-9	2.44E-1	x		6.1E-8	8.08E-1	2.2E-8
11	Methane, bromotrifluoro-, Halo	空气		g CO2 eq	114	19	46.6	0.112	0.654	x		0.454	0.0145	0.856	0.0223	x		1.57	10.3	0.0547	x		x	0.14	33.6
12	Methane, chlorodifluoro-, HCFC	空气		g CO2 eq	1.25E3	98.8	993	0.0711	1.14	x		x	0.0151	0.455	x		x		x	x	x		x	55.1	
13	Methane, dichloro-, HCC-30	空气		g CO2 eq	-138	-6.02	-130	-0.0064	0.00095	x		-0.141	8.46E-6	-0.00851	3.13E-5	x		-0.117	-0.211	-0.0017	x		0.00146	-0.0291	-1.39
14	Methane, dichlorodifluoro-, CF	空气		g CO2 eq	-0.878	0.324	-6.6	0.00054	0.00145	x		-0.0023	8.51E-5	0.00037	2.96E-5	x		0.423	-0.0784	0.00035	x		0.00833	-0.0009	-0.684
15	Methane, fossil	空气		g CO2 eq	3.16E5	1E5	1.55E5	52.1	635	x		357	7.33	225	15.7	x		1.06E4	2.3E4	180	x		32.3	137	2.48E4
16	Methane, monochloro-, R-40	空气		g CO2 eq	0.75	0.35	0.215	0.00016	0.00238	x		0.00049	2.11E-5	0.00037	3.95E-5	x		0.00822	0.133	0.00033	x		4.6E-7	0.00373	0.0524
17	Methane, tetrachloro-, CFC-10	空气		g CO2 eq	11.3	2.43	7.79	0.00212	0.0253	x		0.0514	0.00027	0.00476	0.00019	x		0.018	0.0846	0.315	x		0.00014	0.00373	0.544
18	Methane, tetrafluoro-, CFC-14	空气		g CO2 eq	2.62E4	2.59E4	67.8	0.473	5	x		8.9	0.0607	0.361	0.0789	x		52.6	14.6	0.449	x		x	15.2	185

图 9-3　桥梁项目物化阶段的碳排放量汇总

整理结果见表 9-3。

桥梁项目物化阶段碳排放量　　　　　　　表 9-3

名称	碳排放量（kg CO₂ eq）	占比
铁件	121	11.379%
钢筋	186	17.492%
砂子	1.47	0.138%
碎石	12.3	1.157%
沥青混凝土	77.5	7.29%
黏土	7.39	0.695%
砾石	0.193	0.018%
生石灰	26.2	2.46%
水泥	1.47	0.138%
毛料石	102	9.59%
天然石材	366	34.42%
丙烯酸涂料	1.95	0.18%
市内运输	24.4	2.29%
施工耗电	2.48	0.23%
商品混凝土	133	12.51%
粉煤灰	≈0	≈0
催化剂	≈0	≈0
汇总	1063.353	100%

　　由图 9-3 结合表 9-3 可知，桥梁项目物化阶段的单位功能面积碳排放量为 $1.063t\ CO_2\ eq$。

　　桥梁项目的物化阶段的特征化图如图 9-4 所示。特征化分析结果用柱状图表示在每一种环境影响类型下的各种主要建材或耗能过程的贡献比例关系。

　　根据特征化柱状图整理出桥梁项目物化阶段各主要建材或耗能过程对各环境影响类别的贡献率，见表 9-4。

桥梁项目物化阶段碳排放量　　　　　　　表 9-4

名称	碳排放量（kg CO₂ eq）	占比
铁件	121	11.379%
钢筋	186	17.492%
砂子	1.47	0.138%
碎石	12.3	1.157%
沥青混凝土	77.5	7.29%
黏土	7.39	0.695%
砾石	0.193	0.018%
生石灰	26.2	2.46%

续表

名称	碳排放量（kg CO₂ eq）	占比
水泥	1.47	0.138%
毛料石	102	9.59%
天然石材	366	34.42%
丙烯酸涂料	1.95	0.18%
运输	24.4	2.29%
施工耗电	2.48	0.23%
商品混凝土	133	12.51%
粉煤灰	≈0	≈0
催化剂	≈0	≈0
汇总	1063.353	100%

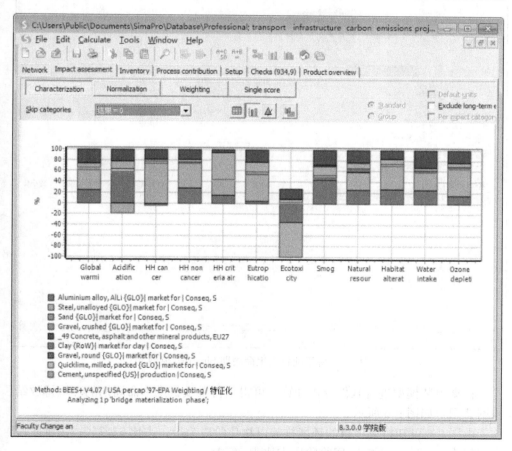

图 9-4 桥梁项目物化阶段特征化

　　由表 9-4 中可看出，砂子、碎石、黏土、砾石、生石灰、水泥、丙烯酸涂料、运输、施工耗电、粉煤灰、催化剂碳排放较小。而在桥梁项目的物化阶段，各建材或施工耗能过程中以铁件、钢筋、商品混凝土与天然石材这 4 种建材的环境贡献为最，其次为毛料石与沥青混凝土。

9.2.2 桥梁项目全生命周期影响评价

　　桥梁项目全生命周期模型建立如图 9-5 所示。

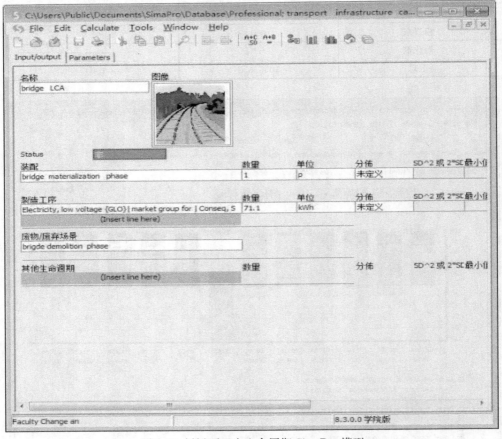

图 9-5　桥梁项目全生命周期 SimaPro 模型

　　根据组装模型进行软件分析计算，可得出桥梁项目全生命周期的环境排放结构网状图，如图 9-6 所示。

　　由图 9-6 可知桥梁项目的环境排放以物化阶段为最，占比 62.7%；运维阶段占比仅为 1.02%；而拆除回收阶段占比为 36.3%。

　　桥梁项目全生命周期各阶段对于环境排放的贡献率汇总见表 9-5。

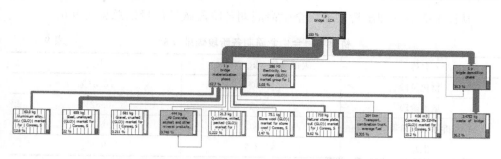

图 9-6　桥梁项目全生命周期的环境排放结构网状图

桥梁项目全生命周期各阶段对于环境排放的贡献率　　　　表 9-5

环境因素	物化阶段	运营与维护阶段	拆除回收阶段
全球变暖	78.8%	0.823%	20.4%
酸化	93.7%	1.99%	4.35%
富营养化	32.5%	1.04%	66.5%
生态毒性	−24.1%	0.583%	99.4%
烟雾	95.1%	1.23%	3.66%
自然资源消耗	96%	0.743%	3.28%
栖息地的改变	41.2%	0.696%	58.1%
臭氧消耗	95.9%	0.273%	3.8%

桥梁项目全生命周期碳排放量汇总如图 9-7 所示。

No	substance	compartn	unit	Total	bridge materialization	Electricity, low voltage {GLO}|	brigde demolition phase
	Total		g CO2 eq	6.38E6	5.03E6	5.25E4	1.3E6
1	Carbon dioxide	空气	g CO2 eq	0.321	0.321	x	x
2	Carbon dioxide, fossil	空气	g CO2 eq	4.76E6	4.64E6	4.69E4	7.31E4
3	Carbon dioxide, land transformation	空气	g CO2 eq	9.81E3	9.52E3	190	93.9
4	Carbon dioxide, to soil or biomass sto	土壤	g CO2 eq	-0.00163	-0.0016	3E-7	-3.13E-5
5	Chloroform	空气	g CO2 eq	0.292	0.287	0.00167	0.00287
6	Dinitrogen monoxide	空气	g CO2 eq	3.23E4	2.72E4	1.13E3	3.96E3
7	Ethane, 1,1,1-trichloro-, HCFC-140	空气	g CO2 eq	0.261	0.249	0.00742	0.00433
8	Methane	空气	g CO2 eq	2.3E3	2.3E3	0.000445	0.000997
9	Methane, biogenic	空气	g CO2 eq	1.16E6	2.48E3	340	1.16E6
10	Methane, bromo-, Halon 1001	空气	g CO2 eq	1.32E-7	1.28E-7	1.69E-9	1.36E-9
11	Methane, bromotrifluoro-, Halon 1301	空气	g CO2 eq	119	114	0.388	5.45
12	Methane, chlorodifluoro-, HCFC-22	空气	g CO2 eq	1.26E3	1.25E3	0.939	2.49
13	Methane, dichloro-, HCC-30	空气	g CO2 eq	-138	-138	0.00751	-0.0785
14	Methane, dichlorodifluoro-, CFC-12	空气	g CO2 eq	-0.856	-0.878	-0.00536	0.0274
15	Methane, fossil	空气	g CO2 eq	3.84E5	3.16E5	3.96E3	6.46E4
16	Methane, monochloro-, R-40	空气	g CO2 eq	0.789	0.753	0.0224	0.0131
17	Methane, tetrachloro-, CFC-10	空气	g CO2 eq	12	11.3	0.0106	0.681
18	Methane, tetrafluoro-, CFC-14	空气	g CO2 eq	2.62E4	2.62E4	3.03	4.77

图 9-7　桥梁项目全生命周期碳排放汇总

从图 9-7 中整理出桥梁项目全生命周期各阶段碳排放量汇总见表 9-6。

桥梁项目全生命周期各阶段碳排放量　　　　　　　　表 9-6

名称	碳排放量（kg CO_2 eq)	占比
物化阶段	5030	78.81%
运维阶段	52.5	0.82%
拆除回收阶段	1300	20.37%
汇总	6382.5	100%

从表 9-6 中可以知道，在桥梁项目的全生命周期中，物化阶段碳排放量为 5030kg CO_2 eq，占比 78.81%；其次到拆除回收阶段碳排放量为 1300kg CO_2 eq，占比 20.37%；最后是运营维护阶段，其碳排放量为 52.5kg CO_2 eq，占比 0.82%。整个桥梁项目全生命周期中，单位建筑面积碳排放量为 6382.5kg CO_2 eq/m^2。

10 铁路项目LCA碳排放评估

10.1 案例说明

10.1.1 数据来源

本书市政铁路项目类型的案例分析材料数据来源于河南省柘城县、鹿邑县禹亳铁路许昌东至豫皖省界段、三门峡至禹州段二标段工程。该项目等级为铁路I级、单线数量，设计时速120km/h，铁路正线长度29.25km。正线桥梁40座，其中包括4座特大桥、2座大桥、8座中桥、26座小桥。该项目工程为典型的市政铁路项目，建成后将成为西接焦柳、中连京广、东贯京九和京沪铁路，连通河南、安徽、江苏、上海的一条重要客货运干线通道，因此选择该项目作为本次研究的对象具有代表性。

10.1.2 数据整理

通过数据整理，可得出铁路项目的各种主要建材清单，见表10-1。

铁路项目主要建材清单 表10-1

材料	单位	工程量
钢筋	kg/m²	50.09
商品混凝土	m³/m²	1.15
灰土	m³/m²	0.02
水泥砂浆	m³/m²	0.02
石子	m³/m²	0.56
土工合成材料	m³/m²	1.19
砂子	m³/m²	0.03

该项目正线长19680m，宽13.4m，路面总面积为263712m²，其中物化阶段单位面积施工耗能为2.923MJ/m²。该项目材料运输距离假设为30km，作短距离运送。由此可计算出单位建筑面积的建筑材料运输计量：

建材运输计量＝建材运输重量(t)×运输距离(km)

$$＝3.68672 \text{ t} \times 30\text{km}$$

$$＝110.6016 \text{ t} \cdot \text{km}$$

因此，建材运输计量取 110.6016 t·km。

10.2　影　响　评　价

10.2.1　铁路项目物化阶段影响评价

根据整理数据组装物化阶段 SimaPro 模型，如图 10-1 所示。

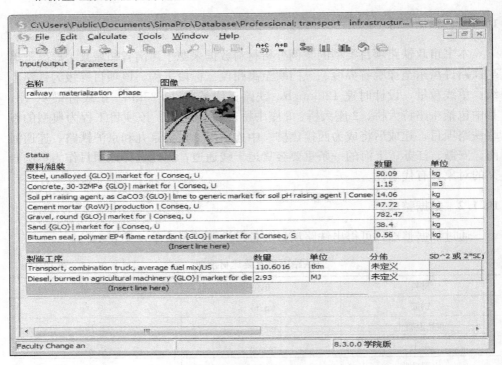

图 10-1　铁路项目物化阶段 SimaPro 模型

根据组装模型进行软件分析计算，可得出铁路项目物化阶段环境排放结构网状图，如图 10-2 所示。

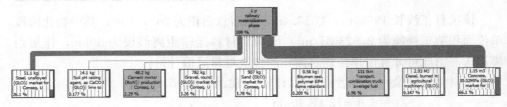

图 10-2　铁路项目物化阶段环境排放结构网状图

图 10-2 中，结构网状图通过流向箭头的粗细表示贡献率。结合上图计算结果可以得出，铁路项目在物化阶段单位建筑面积的各主要建材与相关因素的环境排放贡献率见表 10-2。

铁路项目单位建筑面积各建材与相关过程环境贡献率　　　　　表 10-2

铁路项目主要建材与相关因素名称	环境排放贡献率
钢筋	26.1%
商品混凝土	66.1%
灰土	0.177%
水泥砂浆	2.29%
石子	3.26%
土工合成材料	0.209%
砂子	3.78%
施工耗电	1.96%
运输	0.147%

由上表可知，铁路项目在物化阶段，对环境排放贡献最大的是商品混凝土，占比 66.1%；随后是钢筋，占比 26.1%；接下来是砂子，占比 3.78%；然后依次是石子、水泥砂浆、施工用电、土工合成材料、灰土、运输。

铁路项目物化阶段的碳排放量汇总如图 10-3 所示。

No	substance	compartme	unit	Total	Soil pH raising agent, as	Steel, unalloyed	Cement, unspecified	Gravel, round (RoW)|	Gravel, crushed	Mastic asphalt	Diesel, burned in	Transport, combination	Concrete, 30-32MPa
	Total		g CO2 eq	5.53E5	1.41E4	542	1.17E4	9.3E3	457	523	1.02E4	600	3.78E5
1	Methane, dichloro-, HCC-30	空气	g CO2 eq	-10.3	-9.88	-0.00116	-0.00256	-0.0405	-0.00199	-0.000911	0.000613	-0.00703	-0.394
2	Carbon dioxide, to soil or biom	土壤	g CO2 eq	-0.000208	-4.9E-5	-7.59E-7	-1.08E-5	-1.24E-5	-6.1E-7	-6.47E-7	x	-2.61E-6	-0.000131
3	Methane, bromo-, Halon 1001	空气	g CO2 eq	3.01E-8	-1.99E-9	3.96E-11	7.77E-11	1.34E-10	6.6E-12	1.24E-11	2.55E-8	1.95E-11	6.23E-9
4	Ethane, 1, 1, 1-trichloro-, HCFC	空气	g CO2 eq	0.0111	0.00574	2.59E-5	0.000283	0.000334	1.64E-5	2.97E-5	3.73E-5	2.61E-5	0.0049
5	Chloroform	空气	g CO2 eq	0.0153	0.0101	5.86E-5	0.000327	0.00036	1.77E-5	5.65E-8	5.1E-5	0.000433	
6	Methane	空气	g CO2 eq	273	0.00919	1.99E-6	0.000176	0.000477	2.34E-5	4.49E-5	273	2.66E-5	0.0106
7	Methane, monochloro-, R-40	空气	g CO2 eq	0.0334	0.0164	7.83E-5	0.000857	0.00101	4.96E-5	8.99E-5	2.71E-7	7.91E-5	0.0148
8	Methane, dichlorodifluoro-, CFI	空气	g CO2 eq	-0.224	-0.0456	0.00124	0.00699	0.00342	0.000168	8.44E-5	0.00349	-0.00023	-0.194
9	Methane, tetrachloro-, CFC-10	空气	g CO2 eq	0.767	0.592	0.000368	0.00369	0.0134	0.000657	0.00119	5.92E-5	0.0009	0.154
10	Methane, chlorodifluoro-, HCFC	空气	g CO2 eq	92.1	75.5	0.0111	0.425	0.45	0.0221	0.0143	x	0.0785	15.6
11	Methane, bromotrifluoro-, Hald	空气	g CO2 eq	14.2	3.54	0.0161	0.211	0.711	0.0349	0.138	x	0.0337	9.52
12	Methane, tetrafluoro-, CFC-14	空气	g CO2 eq	65.5	5.16	0.0596	0.797	2.99	0.147	0.192	x	3.67	52.5
13	Methane, biogenic	空气	g CO2 eq	16	-126	-1.16	84.5	4.72	0.232	1.04	x	-0.379	52.6
14	Carbon dioxide, land transform	空气	g CO2 eq	136	97.7	0.00346	2.88	6.49	0.319	0.565	x	0.825	26.8
15	Dinitrogen monoxide	空气	g CO2 eq	1.55E3	41.3	3.11	38.3	103	5.04	6.44	67.4	2.75	1.28E3
16	Methane, fossil	空气	g CO2 eq	1.96E4	1.18E4	23	301	330	16.2	43.7	13.5	33	7.02E3
17	Carbon dioxide, fossil	空气	g CO2 eq	5.31E5	1.3E4	517	1.12E4	8.86E3	435	471	9.88E3	560	3.7E5

图 10-3　铁路项目物化阶段的碳排放量汇总

整理结果见表 10-3。

铁路项目物化阶段碳排放量　　　　　表 10-3

名称	碳排放量（kg CO$_2$ eq）	占比
钢筋	141	25.49%
商品混凝土	378	68.35%
灰土	0.542	0.09%
水泥砂浆	11.7	2.12%
石子	9.3	0.133%

续表

名称	碳排放量(kg CO₂ eq)	占比
土工合成材料	0.523	5.974%
砂子	0.457	4.737%
施工耗电	0.6	0.235%
市内运输	10.2	0.679%
汇总	552.322	100%

由图 10-3 结合表 10-3 可知，铁路项目物化阶段的单位建筑面积碳排放量为 0.552t CO₂ eq。

铁路项目的物化阶段的特征化图如图 10-4 所示。特征化分析结果用柱状图表示在每一种环境影响类型下的各种主要建材或耗能过程的贡献比例关系。

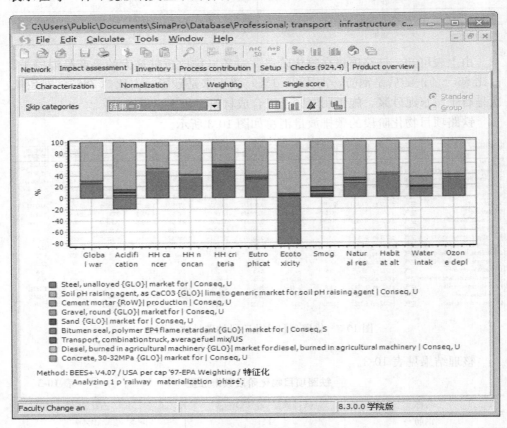

图 10-4　铁路项目物化阶段特征化

根据特征化柱状图整理出铁路项目物化阶段各主要建材或耗能过程对各环境影响类别的贡献率，见表 10-4。

项目物化阶段各主要建材的环境排放贡献率　　　　表 10-4

名称	全球变暖	酸化	富营养化	生态毒性	烟雾	自然资源消耗	栖息地的改变	臭氧消耗
钢筋	25.59%	−23.3%	33.49%	−82.4%	2.02%	23.29%	38.81%	33.04%
商品混凝土	68.38%	104.6%	59.54%	94.1%	81.7%	65.56%	56.46%	59.8%
灰土	0.1%	0.358%	0.3%	0.678%	0.21%	0.16%	0.07%	0.1%
水泥砂浆	2.11%	3.98%	3.02%	17.09%	2.57%	1.41%	1.48%	1.34%
石子	1.68%	6.47%	2.74%	9.99%	5.19%	3.82%	2.8%	4.38%
土工合成料	0.09%	0.35%	0.31%	6.72%	0.16%	0.77%	0.12%	0.84%
砂子	0.08%	0.32%	0.135%	0.49%	0.26%	0.19%	0.14%	0.22%
施工耗电	0.11%	0.40%	0.166%	0.44%	0.37%	0.21%	0.12%	0.22%
运输	1.85%	6.81%	0.299%	3.9%	7.49%	4.59%	—	—

注："—"号表示该项贡献率为零或约为零，结果不予显示。

由表 10-4 中可看出钢筋对酸化与生态毒性的影响为负值，说明对该影响具有正面的作用。而砂子、土工合成材料、施工用电这三项对各种环境影响较小。由上表可知在铁路项目的物化阶段，各建材或施工耗能过程中以钢筋、商品混凝土与水泥砂浆这 3 种建材的环境贡献为最，其次为石子与运输。

10.2.2　铁路项目全生命周期影响评价

铁路项目全生命周期模型建立如图 10-5 所示。

根据组装模型进行软件分析计算，可得出铁路项目全生命周期的环境排放结构网状图，如图 10-6 所示。

由图 10-6 可知铁路项目的环境排放以拆除回收阶段为最，占比 62.9%；物化阶段占比为 35.7%；而运维阶段占比仅为 1.98%。

铁路项目全生命周期各阶段对于环境排放的贡献率汇总见表 10-5。

铁路项目全生命周期各阶段对于环境排放的贡献率　　　表 10-5

环境因素	物化阶段	运营与维护阶段	拆除回收阶段
全球变暖	56.4%	1.49%	42.1%
酸化	77.22%	6.18%	16.59%
富营养化	14.54%	1.17%	84.29%
生态毒性	1.08%	0.51%	98.41%
烟雾	86.15%	3.12%	10.74%
自然资源消耗	89.27%	1.82%	8.92%
栖息地的改变	17.68%	0.98%	81.33%
臭氧消耗	90.14%	0.63%	9.23%

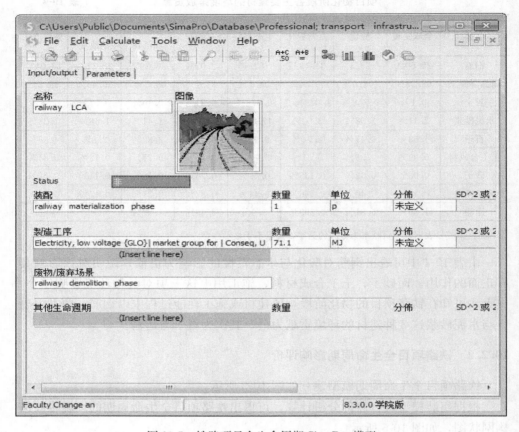

图 10-5　铁路项目全生命周期 SimaPro 模型

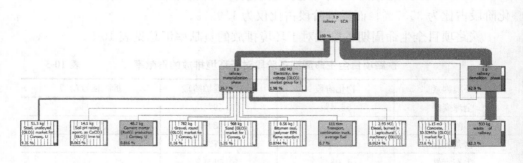

图 10-6　铁路项目全生命周期的环境排放结构网状图

铁路项目全生命周期碳排放量汇总如图 10-7 所示。

从图 10-7 中整理出铁路项目全生命周期各阶段碳排放量汇总，见表 10-6。

No	substance	compartment	unit	Total	railway materialization	Electricity, low voltage {GLO}|	railway demolition phase
	Total		g CO2 eq	9.8E5	5.53E5	1.46E4	4.12E5
1	Carbon dioxide, fossil	空气	g CO2 eq	5.7E5	5.31E5	1.3E4	2.61E4
2	Carbon dioxide, land transform	空气	g CO2 eq	233	136	52.8	44.9
3	Carbon dioxide, to soil or bioma	土壤	g CO2 eq	-0.000217	-0.000208	8.33E-8	-8.74E-6
4	Chloroform	空气	g CO2 eq	0.0168	0.0153	0.000464	0.00101
5	Dinitrogen monoxide	空气	g CO2 eq	3.19E3	1.55E3	314	1.33E3
6	Ethane, 1,1,1-trichloro-, HCFC	空气	g CO2 eq	0.0151	0.0111	0.00206	0.00196
7	Methane	空气	g CO2 eq	273	273	0.000124	0.000334
8	Methane, biogenic	空气	g CO2 eq	3.64E5	16	94.6	3.64E5
9	Methane, bromo-, Halon 1001	空气	g CO2 eq	3.11E-8	3.01E-8	4.69E-10	5.59E-10
10	Methane, bromotrifluoro-, Halo	空气	g CO2 eq	15.9	14.2	0.108	1.59
11	Methane, chlorodifluoro-, HCF(	空气	g CO2 eq	93.2	92.1	0.261	0.838
12	Methane, dichloro-, HCC-30	空气	g CO2 eq	-10.4	-10.3	0.00209	-0.0215
13	Methane, dichlorodifluoro-, CF	空气	g CO2 eq	-0.219	-0.224	-0.00149	0.00711
14	Methane, fossil	空气	g CO2 eq	4.13E4	1.96E4	1.1E3	2.06E4
15	Methane, monochloro-, R-40	空气	g CO2 eq	0.0455	0.0334	0.00624	0.00593
16	Methane, tetrachloro-, CFC-10	空气	g CO2 eq	0.984	0.767	0.00294	0.214
17	Methane, tetrafluoro-, CFC-14	空气	g CO2 eq	68.1	65.5	0.842	1.7

图 10-7　铁路项目全生命周期碳排放汇总

铁路项目全生命周期各阶段碳排放量　　　　　　　　　　　表 10-6

名称	碳排放量(kg CO_2 eq)	占比
物化阶段	553	56.45%
运维阶段	14.6	1.49%
拆除回收阶段	412	42.06%
汇总	979.6	100%

　　从表 10-6 中可以知道，在铁路项目的全生命周期中，物化阶段碳排放量为 553kg CO_2 eq，占比 56.45%；其次为拆除回收阶段，其碳排放量为 412kg CO_2 eq，占比 42.06%；最后是运维阶段，碳排放量为 14.6kg CO_2 eq，占比 1.49%。整个铁路项目全生命周期中，单位建筑面积碳排放量为 979.6kg CO_2 eq/m^2。

11　公路项目 LCA 碳排放评估

11.1　案例说明

11.1.1　数据来源

本书公路项目类型的案例分析材料来源于乌海至玛沁高速公路工程。它是甘肃省高速公路网的重要组成部分，也是国家高速公路网乌海至玛沁高速的重要组成部分。项目起点位于景泰县城东北，在营双高速公路跨大唐景泰电厂专用铁路西约 1000m 处设枢纽立交与营双高速公路衔接，向南穿越秦王川盆地，途经一条山镇、芦阳镇、喜泉镇、经雷家峡峡谷后，从正路乡景泰正路工业园区西侧进入秦王川盆地，向西北经永登县上川镇、兰州新区秦川镇后，顺盆地西侧丘陵山区向南布设，至兰州新区中川镇宗家梁村，设枢纽立交与机场高速及规划的 G1816 中川机场至兰州段（中通道）项目衔接，路线全 119.721km。土建工程主线共设桥梁 10310m/109 座，其中大桥 6698m/33 座，中桥 2636m/32 座，小桥 976m/44 座，涵洞 185 道；全线设置了完善的防护、排水设计（桥梁构造物长度均以双幅计）。全线采用双向四车道高速公路标准建设，设计时速 80km/h，路基宽度 25.5m。桥涵设计汽车荷载等级采用公路-Ⅰ级。景泰南、喜泉、上川互通立交连线采用二级公路标准建设，兰州新区西、中川机场南互通立交连接线采用一级公路标准建设，其他技术指标符合交通运输部颁发的《公路工程技术标准》JTG B01—2014 中的规定。

11.1.2　数据整理

通过数据整理，可得出公路项目的各种主要建材清单，见表 11-1。

公路项目主要建材清单　　　　　　　　　　　表 11-1

材料	单位	数量
石灰土	m^3/m^2	0.324
商品混凝土	m^3/m^2	0.029
钢筋	kg/m^2	2.21
水泥	m^3/m^2	0.0516
石子	kg/m^2	0.1186
沥青	kg/m^2	0.664
碎石	m^3/m^2	2.5

该项目正线长119721m，宽25.5m，路面总面积为3052885.5m²，其中物化阶段单位面积施工耗能为8.244MJ/m²。该项目假设材料运输距离为20km，作短距离运送。由此可计算出单位建筑面积的建筑材料运输计量：

建材运输计量＝建材运输重量(t)× 运输距离(km)
$$=0.4122\ t×20km$$
$$=8.244t·km$$

因此，建材运输计量取8.244t·km。

11.2 影 响 评 价

11.2.1 公路项目物化阶段影响评价

根据整理数据组装物化阶段SimaPro模型，如图11-1所示。

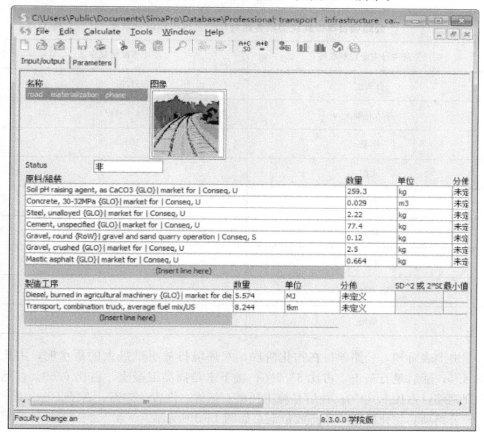

图11-1 公路项目物化阶段SimaPro模型

根据组装模型进行软件分析计算，可得出公路项目物化阶段环境排放结构网状图，如图 11-2 所示。

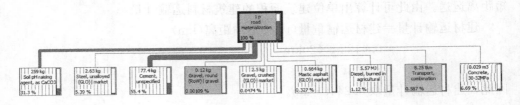

图 11-2　公路项目物化阶段环境排放结构网状图

图 11-2 中，结构网状图通过流向箭头的粗细表示贡献率。结合上图计算结果可以得出公路项目在物化阶段单位建筑面积的各主要建材与相关因素的环境排放贡献率，见表 11-2。

公路项目单位建筑面积各建材与相关过程环境贡献率　　　　　表 11-2

公路项目主要建材名称	环境排放贡献率
石灰土	31.3%
商品混凝土	6.69%
钢筋	5.39%
水泥	55.4%
石子	0.00109%
沥青	0.327%
碎石	0.0474%
施工耗电	1.12%
运输	0.587%

由上表可知，公路项目在物化阶段，对环境排放贡献最大的是水泥，占比 55.4%；随后是石灰土，占比 31.3%；接下来是商品混凝土，占比 6.69%；然后到钢筋，占比 5.39%；往后是施工耗电、运输、沥青、碎石、石子。

公路项目物化阶段的碳排放量汇总如图 11-3 所示。

整理结果见表 11-3。

No	substance	compartme	unit	Total	Soil pH raising	Steel, unalloyed	Cement, unspecified	Gravel, round	Gravel, crushed	Mastic asphalt	Diesel, burned in	Transport, combination	Concrete, 30-32MPa
	Total		g CO2 eq	1.01E5	2.53E4	6.27E3	5.8E4	0.485	44.5	186	1.14E3	762	9.53E3
1	Carbon dioxide, fossil	空气	g CO2 eq	9.51E4	2.43E4	5.74E3	5.37E4	0.45	41.6	184	1.06E3	736	9.32E3
2	Carbon dioxide, land transfor	空气	g CO2 eq	-37.6	7.39	4.33	-51.2	0.000861	0.0638	-0.449	1.57	x	0.676
3	Carbon dioxide, to soil or bior	土壤	g CO2 eq	-4.54E-5	-3.29E-5	-2.17E-6	-1.46E-6	-4.87E-10	-4.83E-8	-5.98E-7	-4.97E-6	x	-3.31E-6
4	Chloroform	空气	g CO2 eq	-0.00469	0.00122	0.00045	-0.00662	2.01E-8	1.69E-6	4.37E-5	9.7E-5	4.21E-9	0.000109
5	Dinitrogen monoxide	空气	g CO2 eq	838	203	1.83	592	0.000654	0.578	-2.57	5.24	5.02	32.2
6	Ethane, 1,1,1-trichloro-, HCF	空气	g CO2 eq	-0.000852	0.000835	0.00024	-0.00211	3.61E-8	2.77E-6	4.97E-5	2.78E-6		0.000124
7	Methane	空气	g CO2 eq	20.4	0.000129	0.000407	0.00213	6.27E-8	4.78E-6	-6.88E-7	5.07E-5	20.3	0.000268
8	Methane, biogenic	空气	g CO2 eq	120	-9.65	-5.56	136	0.00138	0.0826	-0.999	-0.722	x	1.33
9	Methane, bromo-, Halon 100	空气	g CO2 eq	6.13E-9	8.24E-10	-8.83E-11	3.3E-9	1.27E-14	9.61E-13	-1.92E-12	3.71E-11	1.9E-9	1.57E-10
10	Methane, bromotrifluoro-, Ha	空气	g CO2 eq	1.56	1.64	0.157	0.26	2.13E-5	0.00244	0.0231	0.0642	x	0.24
11	Methane, chlorodifluoro-, HCl	空气	g CO2 eq	71.6	0.566	3.35	67.1	3.6E-5	0.00285	0.000466	0.149	x	0.394
12	Methane, dichloro-, HCC-30	空气	g CO2 eq	8.07	-0.0598	-0.438	8.59	-2.87E-6	-0.0002	-0.000323	-0.0134	4.57E-5	-0.00993
13	Methane, dichlorodifluoro-, C	空气	g CO2 eq	0.0616	-0.00202	-0.00202	0.0404	-9E-8	-2.58E-6	0.00108	-0.000437	0.00026	-0.00489
14	Methane, fossil	空气	g CO2 eq	5.04E3	817	523	3.45E3	0.0265	2.16	6.12	62.7	1.01	177
15	Methane, monochloro-, R-40	空气	g CO2 eq	-0.00259	0.00253	0.000726	-0.00638	1.09E-7	1.14E-6	0.00015	2.02E-8		0.000374
16	Methane, tetrachloro-, CFC-1	空气	g CO2 eq	0.0508	0.0159	0.0263	0.0027	1.12E-6	9.28E-5	0.000177	0.00171	4.42E-6	0.00388
17	Methane, tetrafluoro-, CFC-1	空气	g CO2 eq	18.2	1.64	0.228	7.96	0.0002	0.0187	0.0044	6.98	x	1.32

图 11-3　公路项目物化阶段的碳排放量汇总

公路项目物化阶段碳排放量　　　　　　　　　　　表 11-3

名称	碳排放量（kg CO$_2$ eq）	占比
石灰土	25.3	24.99%
商品混凝土	9.53	9.41%
钢筋	6.27	6.19%
水泥	58	57.29%
石子	0.000485	0.0005%
沥青	0.186	0.184%
碎石	0.0445	0.044%
施工耗电	1.14	1.126%
运输	0.762	0.753%
汇总	101.233	100%

由图 11-3 结合表 11-3 可知，公路项目物化阶段的单位建筑面积碳排放量为 0.101t CO$_2$ eq。

公路项目的物化阶段的特征化图如图 11-4 所示。特征化分析结果用柱状图表示在每一种环境影响类型下的各种主要建材或耗能过程的贡献比例关系。

根据特征化柱状图整理出公路项目物化阶段各主要建材或耗能过程对各环境影响类别的贡献率，见表 11-4。

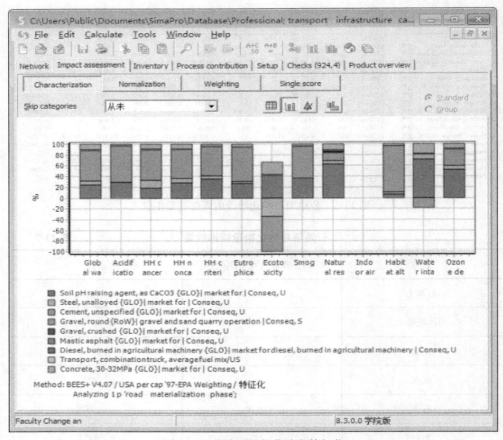

图 11-4　公路项目物化阶段特征化

公路项目物化阶段各主要建材的环境排放贡献率　　　　表 11-4

名称	全球变暖	酸化	富营养化	生态毒性	烟雾	自然资源消耗	栖息地的改变	臭氧消耗
石灰土	25.0%	29.4%	26.7%	−123%	36.1%	62.41%	6.50%	52.03%
钢筋	6.2%	−0.8%	4.2%	98.6%	0.13%	6.69%	3.85%	7.62%
水泥	57.3%	68.3%	63.3%	195%	58.7%	14.50%	85.93%	29.54%
石子	—	—	—	—	—	—	—	—
碎石	—	—	—	−0.3%	0.03%	0.10%	0.03%	0.08%
沥青	0.2%	0.1%	0.5%	−1.3%	0.10%	0.77%	—	0.73%
施工耗电	1.1%	0.6%	0.9%	−4.0%	1.05%	2.60%	0.51%	2.14%
运输	0.8%	0.4%	0.1%	−1.4%	0.84%	2.22%	—	—
商品混凝土	9.4%	2.0%	4.3%	−64%	3.10%	10.71%	3.19%	7.86%

注："—"号表示该项贡献率为零或约为零，结果不予显示。

由表 11-4 中可看出石灰土对生态毒性的影响为负值，说明对该影响具有正面的作用；其他贡献率为负值的亦然。由上表可知在公路项目的物化阶段，各建材或施工耗能过程中以水泥与石灰土这两种建材的环境贡献为最，其次为商品混凝土与钢筋，再次为施工耗电、运输以及沥青，而石子与碎石这两项对各种环境影响约为零。

11.2.2 公路项目全生命周期影响评价

公路项目全生命周期模型建立如图 11-5 所示。

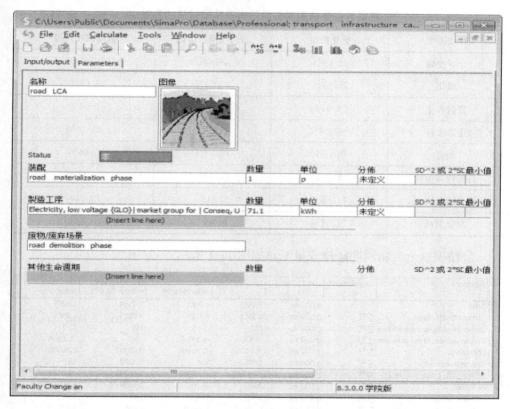

图 11-5 公路项目全生命周期 SimaPro 模型

根据组装模型进行软件分析计算，可得出公路项目全生命周期的环境排放结构网状图，如图 11-6 所示。

由图 11-6 可知公路项目的环境排放以拆除回收阶段为最，占比 63.9%；物化阶段占比 23.1%；而运营维护阶段占比为 14.5%。

公路项目全生命周期各阶段对于环境排放的贡献率汇总见表 11-5。

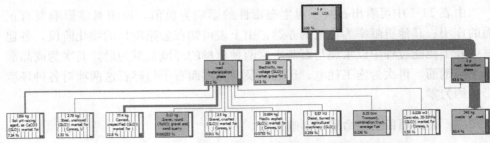

图 11-6　公路项目全生命周期的环境排放结构网状图

公路项目全生命周期各阶段对于环境排放的贡献率　　　　表 11-5

环境因素	物化阶段	运营与维护阶段	拆除回收阶段
全球变暖	32.01%	16.6%	51.37%
酸化	76.97%	16.97%	6.06%
富营养化	59.64%	32.84%	7.52%
生态毒性	−0.58%	4.63%	95.95%
烟雾	78.06%	15.29%	6.66%
自然资源消耗	57.02%	27.12%	15.86%
栖息地的改变	18.95%	8.51%	72.54%
臭氧消耗	74.61%	9.76%	15.63%

公路项目全生命周期碳排放量汇总如图 11-7 所示。

No	substance	/	compartment	unit	Total	road materialization	Electricity, low voltage {GLO}|	road demolition phase
	Total			g CO2 eq	3.16E5	1.01E5	5.25E4	1.62E5
1	Carbon dioxide, fossil	空气		g CO2 eq	1.55E5	9.51E4	4.69E4	1.34E4
2	Carbon dioxide, land transforma	空气		g CO2 eq	183	−37.6	190	31.1
3	Carbon dioxide, to soil or biomas	土壤		g CO2 eq	−4.83E-5	−4.54E-5	3E-7	−3.23E-6
4	Chloroform	空气		g CO2 eq	−0.00251	−0.00469	0.00167	0.000508
5	Dinitrogen monoxide	空气		g CO2 eq	2.56E3	838	1.13E3	594
6	Ethane, 1, 1, 1-trichloro-, HCFC-	空气		g CO2 eq	0.00786	−0.000852	0.00742	0.00129
7	Methane	空气		g CO2 eq	20.4	20.4	0.000445	0.000159
8	Methane, biogenic	空气		g CO2 eq	1.41E5	120	340	1.4E5
9	Methane, bromo-, Halon 1001	空气		g CO2 eq	8.15E-9	6.13E-9	1.69E-9	3.37E-10
10	Methane, bromotrifluoro-, Halon	空气		g CO2 eq	2.57	1.56	0.388	0.623
11	Methane, chlorodifluoro-, HCFC-	空气		g CO2 eq	72.9	71.6	0.939	0.388
12	Methane, dichloro-, HCC-30	空气		g CO2 eq	8.07	8.07	0.00751	−0.00745
13	Methane, dichlorodifluoro-, CFC	空气		g CO2 eq	0.0585	0.0616	−0.00536	0.00223
14	Methane, fossil	空气		g CO2 eq	1.72E4	5.04E3	3.96E3	8.2E3
15	Methane, monochloro-, R-40	空气		g CO2 eq	0.0238	−0.00259	0.0224	0.00391
16	Methane, tetrachloro-, CFC-10	空气		g CO2 eq	0.144	0.0508	0.0106	0.0831
17	Methane, tetrafluoro-, CFC-14	空气		g CO2 eq	22.1	18.2	3.03	0.871

图 11-7　公路项目全生命周期碳排放汇总

从图 11-7 中整理出公路项目全生命周期各阶段碳排放量汇总，见表 11-6。

公路项目全生命周期各阶段碳排放量　　　　　　　表 11-6

名称	碳排放量（kg CO_2 eq）	占比
物化阶段	101	32.01％
运维阶段	52.5	16.64％
拆除回收阶段	162	51.35％
汇总	315.5	100％

从表 11-6 中可以知道，在公路项目的全生命周期中，拆除回收阶段碳排放量为 162kg CO_2 eq，占比 51.35％；其次为物化阶段，碳排放量为 101kg CO_2 eq，占比 32.01％；最后是运维阶段，其碳排放量为 52.5kg CO_2 eq，占比 16.64％。整个公路项目全生命周期中，单位建筑面积碳排放量为 315.5kg CO_2 eq/m^2。

12 交通基础设施碳排放对比分析

12.1 交通基础设施物化阶段碳排放对比

对公路、铁路、桥梁三种类型的交通基础设施进行物化阶段碳排放对比，其 SimaPro 模型建立如图 12-1 所示。

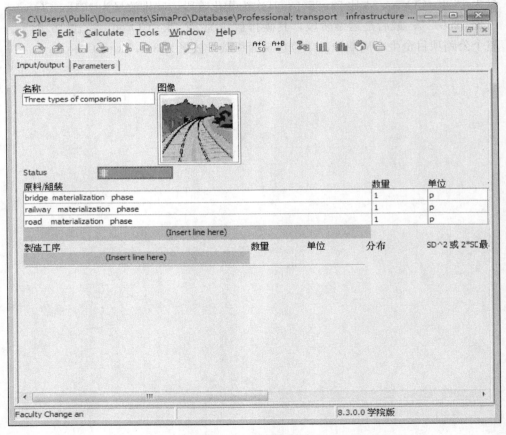

图 12-1　三种类型交通基础设施物化阶段对比模型

根据组装模型进行软件分析计算，可得出三种交通基础设施物化阶段环境排放结构网状图，如图 12-2 所示。

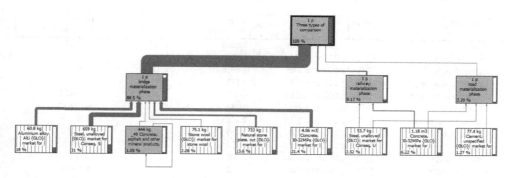

图 12-2　三种交通基础设施物化阶段环境排放对比结构网状图

由图 12-2 可知三种类型交通基础设施物化阶段的环境排放以桥梁为最，占比 88.5%；其次为铁路，占比 9.17%；最后是公路，占比 2.29%。

三种交通基础设施物化阶段对于环境排放的贡献率汇总见表 12-1。

三种类型交通基础设施物化阶段对于环境排放的贡献率　　　表 12-1

环境因素	桥梁	公路	铁路
全球变暖	88.5%	9.73%	1.78%
酸化	85.5%	6.29%	8.22%
富营养化	86.9%	3.41%	9.68%
生态毒性	−99.7%	−0.3%	1.42%
烟雾	85.8%	5.68%	8.55%
自然资源消耗	89.1%	1.45%	9.4%
栖息地的改变	89.1%	3.36%	7.51%
臭氧消耗	88.1%	9.98%	1.92%

三种类型交通基础设施物化阶段碳排放量汇总如图 12-3 所示。

从图 12-3 中整理出三种类型交通基础设施物化阶段碳排放量汇总，见表 12-2。

三种类型交通基础设施物化阶段碳排放量　　　表 12-2

名称	碳排放量（kg CO_2 eq）	占比
桥梁	5030	88.49%
铁路	553	9.73%
公路	101	1.78%

从上表中可知，三种类型交通基础设施物化阶段碳排放量以桥梁工程为最，碳排放量为 5030kg CO_2 eq，占比 88.49%；其次为铁路工程，碳排放量为 553 kg CO_2 eq，占比 9.73%；最小的是公路工程，碳排放量为 101kg CO_2 eq，占比 1.78%。

No	substance /	compa	unit	Total	bridge materialization	railway materialization	road materialization
	Total		g CO2 eq	5.68E6	5.03E6	5.53E5	1.01E5
1	Carbon dioxide	空气	g CO2 eq	0.321	0.321	x	x
2	Carbon dioxide, fossil	空气	g CO2 eq	5.27E6	4.64E6	5.31E5	9.51E4
3	Carbon dioxide, land transforr	空气	g CO2 eq	9.62E3	9.52E3	136	-37.6
4	Carbon dioxide, to soil or biom	土壤	g CO2 eq	-0.00185	-0.0016	-0.000208	-4.54E-5
5	Chloroform	空气	g CO2 eq	0.298	0.287	0.0153	-0.00469
6	Dinitrogen monoxide	空气	g CO2 eq	2.96E4	2.72E4	1.55E3	838
7	Ethane, 1,1,1-trichloro-, HCF(	空气	g CO2 eq	0.259	0.249	0.0111	-0.000852
8	Methane	空气	g CO2 eq	2.59E3	2.3E3	273	20.4
9	Methane, biogenic	空气	g CO2 eq	2.62E3	2.48E3	16	120
10	Methane, bromo-, Halon 1001	空气	g CO2 eq	1.65E-7	1.28E-7	3.01E-8	6.13E-9
11	Methane, bromotrifluoro-, Hal	空气	g CO2 eq	129	114	14.2	1.56
12	Methane, chlorodifluoro-, HCF	空气	g CO2 eq	1.42E3	1.25E3	92.1	71.6
13	Methane, dichloro-, HCC-30	空气	g CO2 eq	-140	-138	-10.3	8.07
14	Methane, dichlorodifluoro-, CF	空气	g CO2 eq	-1.04	-0.878	-0.224	0.0616
15	Methane, fossil	空气	g CO2 eq	3.4E5	3.16E5	1.96E4	5.04E3
16	Methane, monochloro-, R-40	空气	g CO2 eq	0.784	0.753	0.0334	-0.00259
17	Methane, tetrachloro-, CFC-1	空气	g CO2 eq	12.1	11.3	0.767	0.0508
18	Methane, tetrafluoro-, CFC-1	空气	g CO2 eq	2.63E4	2.62E4	65.5	18.2

图 12-3　三种类型交通基础设施物化阶段碳排放量汇总

12.2　交通基础设施全生命周期碳排放对比

　　根据第 9~11 章的交通基础设施全生命周期碳排放量计算结果，本节对公路、铁路及桥梁三种类型的交通基础设施各自的全生命周期碳排放进行汇总，见表 12-3。

三种交通基础设施全生命周期碳排放量　　　　　　　　表 12-3

名称	碳排放量（kg CO₂ eq）	占比
公路	315.5	4.1%
铁路	979.6	12.76%
桥梁	6382.5	83.13%

　　从表 12-3 中可知，三种类型交通基础设施全生命周期碳排放量以桥梁为最，单位建筑面积碳排放量为 6382.5kg CO₂ eq，占比 83.13%；其次为铁路，其单位建筑面积碳排放量为 979.6kg CO₂ eq，占比 12.76%；最小的是公路，其单位建筑面积碳排放量为 315.5kg CO₂ eq，占比 4.1%。

第五部分 节能减排方案及政策建议

13   民用建筑全生命周期节能减排方案

中国的经济发展日新月异，老旧的民用建筑不断接受改造，新的民用建筑不断建造，在这些老旧民用建筑的拆除和新建筑的修建中，必须考虑建筑节能在当下社会的重要意义，从而减少建筑垃圾，减轻对环境的负担，节约资源，缓解国家日益严重的环境问题和能源问题。为响应我国"十八大""十九大"提出的绿色发展战略要求，实现节能减排的总体目标，我国已先后颁布实施了一系列法律法规及相关的配套制度，如《中华人民共和国节约能源法》《中华人民共和国建筑法》等。全国部分省、市也严格落实相关法律法规，出台了推动建筑节能发展的政策，如《内蒙古民用建筑节能和绿色建筑发展条例》《江西省民用建筑节能和推进绿色建筑发展办法》等。本书从钢筋混凝土建筑的物化、运营与维护及拆除回收三个阶段来进行节能减排分析及意见提出。

13.1   物化阶段节能减排方案

建筑物化阶段是指建筑在投入使用之前，形成工程实体所需要的建材生产、构配件加工制造以及现场施工安装过程，具有碳排放时间集中、排放量大的特点，是应对气候变化和节能减排的关键阶段[81]。虽然建筑物化阶段的碳排放率只占建筑生命周期碳排放量的 14%～21%，但由于我国建筑的规模大、建设周期集中，故物化阶段是公认的建筑生命周期的研究重点。降低建筑物物化阶段的二氧化碳排放是国家和全球碳减排目标的重要手段[82-83]。从表4-7、表5-4、表6-3及表7-3的四种类型案例的影响评价分析中可以总结出四类钢筋混凝土构造物化阶段的碳排放贡献率，见表13-1。

四类钢筋混凝土构造物化阶段碳排放贡献率   表 13-1

名称	钢筋	水泥	砌体	水泥砂浆	涂料	施工耗电	市内运输	混凝土
住宅建筑	49.2%	—	2.51%	3.57%	0.004%	0.164%	0.812%	43.7%
医院建筑	40.1%	21.6%	2.93%	5.98%	4.74%	0.24%	0.679%	23.6%
商业建筑	31.1%	—	30.1%	5.3%	6.39%	—	0.629%	26.5%
学校建筑	40.2%	—	5.43%	7.98%	2.54%	—	0.9%	43%

注："—"号表示无此项。

从上表可以看出，钢筋混凝土构造的物化阶段，钢筋与混凝土的贡献率是最大的，随后才是砌体、水泥砂浆、涂料等其他建材。因此在该阶段"碳减排"的方案应该从钢筋的生产以及混凝土的生产这两个过程入手。实行清洁化、绿色化生产，采用先进的技术与设备，优化其结构以及配合比，达到减少资源消耗的目的。从 SimaPro 软件分析结果中得出钢筋对于全球变暖的贡献为 $30\%\sim50\%$，钢筋对于整个环境排放的贡献率高达 $40\%\sim70\%$。由此可见，建材的生产阶段，尤其是钢筋的生产阶段的节能是钢筋混凝土建筑全生命周期节能减排的重要环节。因此，除了需要在钢筋的生产阶段进行结构与设备优化从而达到节能的目的之外，还需要对钢筋进行防锈措施保护，由此可以保证甚至延长钢筋的自然使用年限，特别是在建筑物的使用阶段，在钢筋的混凝土保护层出现裂缝之后，钢筋直接暴露在空气中，会加快钢筋的腐蚀，从而减少了建筑物的使用年限。而在沿海地区这方面的情况会更加严峻，因此需要对钢筋做好维护措施，从而使得钢筋能在整个结构中发挥更好的作用，并可通过对结构的维修加固改造来达成目标。

在钢筋混凝土构造的物化阶段，施工时的减排也不容忽视。随着我国城市化的发展，由建筑施工所带来的环境问题越来越突出，施工过程所产生的各种环境污染和资源消耗，对人们的影响也越来越大，所以加强控制施工能源的消耗和减少环境污染就显得特别重要。可从以下四个方面在施工现场进行减排。

1. 从施工管理方面进行减排

（1）应建立绿色建筑项目施工管理体系和组织机构，并落实各级责任人；

（2）施工项目部应制定施工全过程的环境保护计划，并组织实施；

（3）施工项目部应制定施工人员职业健康安全管理计划，并组织实施；

（4）施工前应进行设计文件中绿色建筑重点内容的专项交底。

2. 从施工节能方面进行减排

（1）从工程开工开始，就应该对工地上的用水、用电和化石燃料的消耗量进行跟踪记录，做到每个月考核一次，并且应该安排有经验的专人负责，还可以积极安排多个项目之间进行节能评比，做到奖罚分明。

（2）项目部的办公区域和生活区域都尽量采用自然采光，增强房间的通光性能，采用节能型照明灯具，限制员工生活区域大功率的生活电器的使用，减少机械的空转时间。

（3）施工现场安装多级水表电表，定期检查各个区域的用水用电情况，对有漏水、滴水的情况及时维修，发现用水用电超预估量的，应及时查明原因及时整改。

（4）减少现场纸张的使用，更多的使用网络化通信，尽量做到现场无纸化办公，严格遵循纸张的双面使用。

（5）选用天然建材，各种建筑材料的碳排放因子不同，差别很大，一些需要高度加工与高耗能的建材产品如钢铁、水泥等建材的碳排放因子较天然建材如木材、砂石高。因此，对于建材的选择可以考虑多使用如木材、砂石等天然建材，尽量减少使用高能耗、深度加工的建材，如钢铁、EPS、混凝土等。

（6）选用回收利用率高的建材，从生命周期角度考虑，建材的可回收、再利用性质可以增加建材的使用周期，避免新开采资源对环境的破坏，因此建筑物在建造时应该尽可能利用可回收利用的建材，如砌块、木材、钢筋、金属等建材。

（7）使用高性能建材主要是指高强混凝土、高耐久性高性能混凝土、高强度钢等结构材料，这些材料在耐久性和节材等方面具有明显优势，可以有效地降低建筑的碳排放[84]。

3. 从能源优化方面进行减排

（1）对生活区域应该采用能耗利用率高的电热水炉供水，对员工食堂应采用液化气或者天然气进行烹饪，严格控制空调的控温设置。

（2）选择能耗低的施工设备，减少施工机械的低负荷运行时间，尽量采用节能型施工机械，减少大功率施工机械的使用，增加手持小型电动工具的应用。

（3）优化能源结构，积极采用能源利用率高、污染少的能源，积极推行可再生能源的使用，在施工过程中加大太阳能、风能、地热能等清洁能源的使用比例。在施工区域优先使用节能产品，比如 LED 照明灯、高效的利勃海尔轮式装载机等。

（4）合理设计临时设施的朝向、布局，使其能够有好的日照、通风和采光，临时设施的建筑节能设计应按《居住建筑节能 65%绿色建筑设计标准》DBJ 50—071—2016 的要求执行。

4. 从减少对环境的影响方面进行减排

（1）减少对土壤的影响

尽量减少临时设置数量，修建的临时办公生活区用房采用 2～3 层盒子房，减少占地面积，减少对场地原土的干扰。

（2）加强施工扬尘管理

减少扬尘污染，对控制城市大气污染，减低空气中 PM2.5 的含量有着重要的作用。要减少施工扬尘，就应该减少现场裸露的原材料，清洗进程现场车辆，对装运土石方的工程车进行覆盖。

（3）减少废气排放

一般来说，能源的消耗都会直接或者间接地产生废气排放，所以减少废气排放，就应该节约能耗使用，特别是限制使用对环境污染高、燃烧不完全的化石燃料的使用。

（4）降低噪声影响

各种施工活动都不可避免地会产生噪声，如打桩机、混凝土泵送设备。降低施工噪声，除了使用低噪声设备外，应该在合理位置布置隔音设备，严格限制夜间施工来减少对周围居民的影响。

（5）加强对污水的处理

对施工现场的污水，我国制定了《污水综合排放标准》，严禁直接将施工污水直接排入城市市政管网或者周边江河，应该加强对污水的处理，进行回收水和雨水的利用，节约成本，减少污染。

（6）采用绿色施工

施工中推动"营建的合理化"，是绿色施工的一个重要工作，即将建筑产品生产工业化、预铸化、标准化以及营建施工的模矩化、省工化、干式化等方法。根据文献［85］的研究，绿色施工可以减少施工过程中对环境的不利影响。

此外，建材的市内运输方面也是贯穿着整个建筑生命周期，虽然其碳排放占比皆在1％以内，但是运输的能源消耗也不容小视。建材的运输所造成的碳排放在整个物化阶段中所占比例较小，但是有一定的减排潜力，应当尽可能使用本地建材，缩短运输距离。施工阶段碳排放较大，加强施工现场管理水平，避免施工机械低负荷工作，加强生活区用能管理，都有助于减少施工阶段的碳排放。对于建筑比较标准化的部分，可以采用工厂预制的构件，在施工现场直接搭建，也就是装配式建筑。通过改善道路质量、淘汰老旧汽车、优化运输组织、引进机动车燃油经济性指标等手段提高运输的能源利用效率，可以在一定程度上减少建筑生命周期的能源消耗，从而减轻相应的环境负担。

13.2　运营与维护阶段节能减排方案

事实表明，民用建筑的运维阶段与物化阶段一样会对社会资源和环境产生重要影响，由于民用建筑的使用周期较长，在整个生命周期中持续时间最久，相应的该阶段的碳排放较于其他阶段来说也较大，民用建筑使用过程中会消耗大量能源，尤其是一些带有专业设备系统的民用建筑（如商场、医院等）其每天的碳排放量都是十分惊人的，因而在运营和维护过程中需要格外注重节能减排工作。根据 SimaPro 分析结果，总结各类钢筋混凝土构造全生命周期各阶段的碳排放量，见表 13-2。

四类钢筋混凝土构造生命周期各阶段碳排放量汇总 （单位：$kg\ CO_2\ eq$）表 13-2

名称	住宅建筑	医院建筑	商业建筑	学校建筑
物化阶段	1250	711	529	401
运维阶段	702	2260	702	86.4
拆除回收阶段	111	410	209	166

从上表可以看出，钢筋混凝土建筑在运维阶段的能耗在建筑全生命周期能耗中比例占了绝大部分，因此建筑全生命周期中建筑使用阶段是节能重点。钢筋混凝土构造运维阶段的碳排放占整个生命周期碳排放的 34.0%～70% 以内，其中学校建筑运维阶段相对小一些。钢筋混凝土构造运维阶段较大的贡献率虽然与其长达 50 年的周期有关，但毕竟其最终绝对影响比较大，所以在该阶段的节能减排尤为重要。在钢筋混凝土构造的使用阶段，最主要是保证建筑物的功能可以充分发挥，因此除了其安全性需要得到保证之外，其适用性与耐久性也需要得到落实。在使用阶段的结构维修与加固就显得尤为重要。在科学的检测鉴定基础上，采取合理的维修加固措施，或通过结构改造，以提高结构的安全性和耐久性，满足建筑物的正常使用功能，保证建筑节能与环保，延长建筑物安全使用寿命。据相关专家估计，约有 30%～50% 的建筑物出现安全性失效或进入功能退化期。目前，美国维修加固改造现有建筑物的费用已高达近 6 万亿美元，1980 年美国建筑维修改造工程已占其全部工程的三分之一。丹麦用于维修加固改造与新建工程的投资比例为 6：1。1983 年，瑞典用于维修改造的投资占建筑业总投资的50%。中国比上述发达国家发展晚，但是随之而来的是高耗能建筑大量建成。随着人们生活水平的提高，对房屋建筑提出了更高的要求，建筑物的维修加固改造便成了主流趋势，因此同济大学朱伯龙教授预言："对建筑业来说，21 世纪将是建筑改造的世纪"。所以通过钢筋混凝土建筑物使用阶段的节能改造以及维修加固，可以达到建筑物碳排放量减少的目的。另外，可以使用节能型电器，节约用电；也可以通过政府研究下达相关的政策鼓励各企业投资发展生产建筑节能配套措施；鼓励使用太阳能、风能等可再生能源；优化钢筋混凝土的结构，使用环保节能材料等，减少室内热量的损耗，以求减少为保持室内环境温度的电能损耗。可从运营管理方面提出以下建议：

（1）应制定并实施节能、节水、节材、绿化管理制度；

（2）应制定垃圾管理制度，合理规划垃圾物流，对生活废弃物进行分类收集，垃圾容器设置规范；

（3）运行过程中产生的废气、污水等污染物应达标排放；

（4）节能、节水设施应工作正常，且符合设计要求；

（5）供暖、通风、空调、照明等设备的自动监控系统应工作正常，且运行记录完整。

建筑运维阶段的能耗主要是由建筑运行中人员的日常生活活动发生的能源消耗。鉴于此，目前针对建筑使用能耗的节能减排主要是对既有建筑进行节能改造。对既有建筑的节能改造分为暖通空调系统的节能改造和照明系统的节能改造。可根据各区域的季节差异来选择节能改造方式。若该区域冬季较短而夏季相对较长，同时由于制冷效率的差异，在该区域可能不适宜采用热电冷三联供或集中供热的方式来解决供暖问题，应发展热泵技术。该技术能够节约大量高品位能源，从而达到节能减排的目的。其次，钢筋混凝土建筑的照明采光系统也可作为既有建筑节能改造的组成部分。

建筑运营维护阶段是碳排放总量非常大的阶段，除了与建筑使用年限长有较大关系外，建筑本身节能设计也会影响建筑年平均运营能耗。随着我国建筑节能研究的不断深入，有关建筑节能设计标准不断完善。建议在建筑规划设计阶段就将节能设计考虑进去，充分考虑建筑所处地域环境特点，通过合理设计，提高建筑外墙围护结构保温隔热，加强建筑内部通风，减少建筑运维期间负荷，减少建筑能耗，从而减少建筑碳排放。可从节能设计方面提出以下建议：

（1）使用低碳能源，降低电力碳排放因子

使用阶段所耗用的能源类型主要为电能，而且电能的碳排放因子高于其他能源的碳排放因子，致使建筑使用阶段的碳排放较高。而电能的高排放，一方面是由于电能属于二次能源，在一次能源转换或加工的过程中会有一定的能量损失；另一方面是由于目前电能对于煤与燃油有极大的依赖性，而煤与燃油都是高排放能源[86]。因此，应该改变居住建筑的电源结构，大力发展太阳能、风能、海洋能等低排放的清洁能源，推广高效、清洁、低碳的供电技术和供电体系，降低电能的碳排放因子，减少使用阶段的碳排放。

（2）利用可再生能源

可再生的能源是来自自然界的能源，是取之不尽、用之不竭的能源，具体包括太阳能、风力、潮汐能、地热能等。可再生能源对环境无害或危害极小，而且资源分布广泛，适宜就地开发。可再生能源与建筑的结合，已经成为推动建筑节能减排的必然趋势。建筑中常用的可再生能源系统包括太阳能热水系统、光伏系统、地源热泵系统和风力发电系统。

（3）增加建筑外遮阳

遮阳可以减弱辐射传热对建筑负荷的影响，可以通过控制室内得热来降低夏季空调的负荷。在采用遮阳时，可以人为地根据昼夜变化和室外气象条件灵活地调整内外遮阳设施，冬季白天利用太阳辐射得热，晚上利用调整遮阳措施，减少室内对外界的辐射散热；夏季则采用相反的措施，这样就可以同时降低建筑的冷热负荷[87]。

（4）强制推广能耗分项计量系统

缺乏准确、细致的分项用能数据是目前建筑进行碳排放计算的一大瓶颈，而能耗分项计量系统解决了这一数据获取难题。通过采集和整理建筑各类功能的能耗数据（空调、照明、设备用电等），能耗分项计量系统实时显示能耗信息、对比分析能耗数据，实现节能降耗入手点的定位、节能效果差异的对比等功能，为建筑科学用能、合理用能、节能管理提供支持[86]。

本书从建筑全生命周期碳排放出发，通过分析建筑生命周期各阶段的环境排放情况以及对建筑总排放的影响来识别建筑碳排放的主要因素。根据碳排放的性质不同，可将建筑碳排放分为物化过程碳排放和建筑使用运行碳排放两大类，其中物化过程碳排放包括建筑材料生产、建造施工的碳排放，而建筑使用运行碳排放是指建筑物投入运营后所消耗的热能、电能等能量转化而成的碳排放。建筑使用运行碳排放与建筑活动的每个过程有关，而建筑物的每一个构成要素在其生产、运输、安装等过程中都要消耗能量，从而转化为碳排放，所以，要在建筑过程中减少碳排放就是使建筑物废弃时其建筑材料和构配件能够得到最大限度的循环利用，从而大大降低初级能源和自然资源的消耗数量，达到节能减排的效果。

13.3　拆除回收阶段节能减排方案

拆除回收阶段是建筑达到生命期后对其进行拆除和处置的过程，指废弃建筑在拆除过程中的现场施工、废弃建筑材料和垃圾的运输和处理等过程[88]。从表4-9、表5-6、表6-5及表7-5的四种钢筋混凝土建筑全生命周期各阶段碳排放量表中可以得出，虽然住宅建筑的拆除回收阶段碳排放量较少，仅占全生命周期视角下单位面积建筑碳排放量的 5.4%，但是在其他类型的钢筋混凝土建筑里，其物化阶段占比达到 10% 以上甚至有达到 25.4%，所以该阶段的节能处理也是比较重要的一方面。可对该阶段的节能处理方面提出以下建议：

（1）以建筑拆解的方式代替拆毁

使用建筑拆毁方式拆除主体结构时，常在建筑物底层选择合适的打击点，使建筑物向一定方向整体倒塌。这种粗放式的建筑拆毁使大部分废旧材料破碎、混合，变为很难回收、只能填埋的建筑垃圾[89]。而建筑拆解则是尽可能以小型机械将构件从主体结构中分离。拆解步骤按照"由内至外、由上至下"的顺序进行，即"室内装饰材料—门窗、暖气、管线—屋顶防水、保温层—屋顶结构—隔墙与承重墙或柱—楼板，逐层向下直至基础"[89]。在技术、设备层面上拆解与拆毁两种方式大致相同，但在废旧建材的循环利用率上，差别很大。根据贡小雷[90]的研究，拆毁方式下钢铁的回收利用率仅为 70%，而水泥、碎石、砖瓦等材料的利用率更低，拆毁方式使这些材料混合为渣土而无法回收，砖瓦的再利用率仅为 10%，远远低于拆解方式下的建材回收率。

（2）减少废旧建材运输所产生的碳排放

废弃建材的运输距离和单位运输碳排放是碳减排的两个关键性因素，减少废旧建材运输所产生的碳排放就是要选择耗油少的运输工具和减少废弃物运输次数。对于运输阶段而言，运输汽车所消耗的能源是产生的碳排放的主要来源。因此在运输过程中选择功能相似、耗油较少的运输工具是减少运输过程碳排放总量的有效途径。通过拆除现场对垃圾的巧妙处理可以减少废弃物的运输次数。首先是对拆除后的材料进行分类，分出金属、钢筋、铝合金门窗、砖瓦、混凝土、木料、塑料、玻璃等，然后利用自动回收分类机、移动式混凝土破碎筛分等先进技术和机器对部分材料进行就地处理、就地回收、就地使用，最后再装载清运和处理其余的废弃建材。由此一来可以大大提高建筑废弃物利用效率，并减少多次运输造成的运输碳排放。

（3）提高废旧建材回收利用率

建筑中使用量大的建材为商品混凝土、砂石、水泥、钢、砌体这五类建材，约占建材总重量的 95% 以上，而目前国内钢材的回收利用较为普遍，其余四类的建材回收利用率很低，在拆毁形式下的混凝土其回收利用率几乎为零，砌体的回收利用率仅为 10%。通过改变拆除方式来提高建材回收利用率而带来的碳减排效果比较可观，以此提高废旧建材的再利用有极大的减排空间。因此我们应加强技术研发投入，提高废旧建材的再生利用水平，以求达到欧洲一些国家和日本的建筑材料回收利用率。

另外，在该阶段产生的大量的建筑垃圾会对环境造成较大的破坏，特别是该阶段对富营养化、生态毒性及栖息地改变这几个环境影响贡献非常大，有的类型甚至高达 60%～70%，因此需要引起重视。建筑垃圾的回收利用有着重大的经济价值与环保价值。砌体、石子、混凝土等废料经破碎后，可以代替砂，用于砌筑砂浆、抹灰砂浆、打混凝土垫层；废弃混凝土块料经细粉碎后可与标准砂拌合作为砂浆细骨料用于墙地面抹灰、屋面砂浆找平层、砌筑砂浆、制作铺地砖等，废弃混凝土块料粉碎后还可作为混凝土现浇或预制构件中的骨料使用，用于建筑非承重部位；而废弃砌体经过粉碎后用于建筑板材的骨料。制造隔墙板材，不但轻质高强而且隔声、膨胀系数小，又因取材容易、廉价而大大降低了板材成本。这样不但节约了建设资金，而且不会降低构筑物的强度。可见，建筑垃圾经过回收再利用，可以产生一定的经济效益。

我国建筑材料废弃量大且废弃处理过程产生大量碳排放。目前，我国回收建材主要包括钢材和铝材等，回收比率和回收品种均有待提高。建议研发新型回收材料，提高建筑材料平均时长回收率，使材料达到其最大回收能力，加快材料的循环利用，改进生产工艺以减少建材生产与回收的能耗、减少建筑材料的废弃，从而减少建筑碳排放。建筑材料回收具有重要意义，对建筑节能起到了积极作用。

建筑拆除以后的废弃物，根据其种类和是否具有回收性等采用不同的处理方法。具有回收性的废旧建材包括玻璃、木材、钢筋和铝材等，一般由建筑公司、爆破拆除公司以及专门的废旧物回收部门在现场进行回收利用，或是运输到加工场所加工处理后再利用；不可回收的废旧建材包括砖块、混凝土块等，部分可以用作路基填料或低洼地区的填充料，其余大部分则作为建筑垃圾运往处置地点进行消纳处理。因此，建筑废弃物的处理能耗主要是指废旧建材从建筑地点运往处置地点的运输能耗和二次加工的能耗。由于经过加工的废旧建材可以再次被利用，重新回到新建筑物的生命周期，因此，对于二次加工的能耗目前一般不计入废弃物处理能耗中。建筑物拆除后，应对建筑垃圾进行严格分类，提高废旧建材的回收率，充分循环利用建筑材料，减少建筑垃圾。另外，需要对建筑垃圾资源化思想进行推广宣传，搞好建筑垃圾的分类回收及再利用。此外，政府应建立和健全有关建筑垃圾管理方面的法律法规，加强建筑垃圾资源化的监督执法工作。

不可否认的是，环保是现代工业更甚是现代各个国家发展的首要问题。使城市建筑的垃圾变废为宝，重新利用，是世界各国环保事业发展的重要目标之一。

早在 1977 年，日本政府就制定了《再生骨料和再生混凝土使用规范》，并在各地建立了以处理混凝土废弃物为主的再生加工厂。1991 年又制定了《资源重新利用促进法》，规定建筑施工过程中产生的渣土、木材、金属、混凝土块及沥青混凝土块等建筑垃圾，均须送往"再资源化设施"进行处理。

美国的建筑垃圾综合利用分为三个等级，分别为"低级利用""中级利用"和"高级利用"。其中，"低级利用"占建筑垃圾总量的 50%～60%，"中级利用"占建筑垃圾总量约为 40%。美国的《超级基金法》规定："任何生产有工业废弃物的企业，必须自行妥善处理，不得擅自随意倾倒"，从而使企业自觉寻求解决建筑垃圾的方法。

作为世界上最早推行环境标志的国家，德国在每个地区都建造了大型的建筑垃圾再加工综合工厂。其中，首都柏林就建有 20 多个。1998 年 8 月，德国钢筋委员会提出了"在混凝土中采用再生集料的应用指南"，规定采用再生骨料的混凝土必须达到天然集料混凝土的国家标准，规范了再生混凝土在建筑中的应用。

我国学者也对建筑垃圾的处理和回收利用做了很多有益的尝试，取得了一些可喜进展：

（1）建筑垃圾可应用于生产粗、细集料建筑垃圾中的废旧混凝土。通过分拣、剔除后，被粉碎成相应的大小，作为建筑行业的原料用于新的建筑工程上去。例如，建筑垃圾粉碎成的细集料可与标准砂按 1:1 的比例拌合成混合的细集料，作为抹灰砂浆和砌筑砂浆材料。

（2）建筑垃圾生产标准砖、多空砖、空心板、空心砌块等再生产品。建筑垃圾中的砖瓦和混凝土破碎成相应的大小颗粒后，可作为再生砖的集料，再铺以相应的材料便可以制成高性能再生砖。例如，用再生砖制成的铺路砖具有超强的透水性。透水性好的铺路砖，不仅保障了行人的行路安全，还有效地提高了地表水和地下水的循环能力，减少了水土流失。此外，这些再生的铺路砖还具有耐磨、耐腐性能及抗冻融性能，使砖的断裂现象大大减少。

（3）建筑垃圾再生利用的其他用途：建筑垃圾中的废弃钢材钢筋以及其他的废金属材料，分拣出来后可直接用于那些对钢材钢筋要求不高的小型或临时性的建筑设施，或把这些材料回炉后加工生产新的产品；废砖瓦经清理可以重新使用；废瓷砖、陶瓷洁具经破碎分选、配料压制成型生产透水地砖或烧结地砖；废玻璃筛分后送玻璃厂做原料，用于生产玻璃或生产微晶玻璃；木门窗、木屋架可重复利用或经加工再利用，也可用于制造中密度纤维板等。

14 交通基础设施全生命周期节能减排方案

目前，我国正处于城市化的快速发展时期，社会经济稳步高速发展。城市化进程加快的同时，社会各界对于交通运输提出了更高的要求。经济活动的地理空间组织主要依赖于交通基础设施体系，它是实现有效连接、提升通道能力、强化区际联系的基础。交通基础设施建设已成为中国经济保持高速增长的助推器[91]，对交通基础设施的投资被认为是国家内部或国家之间发展的重要催化剂[92]。交通行业的迅速发展给社会带来高额利益的背后，其巨大的能源消耗量以及交通运输途中所产生的污染物排放所带来的一系列环境问题是绿色发展过程中所不可忽视的问题。如何在行业中推广低碳技术，提高交通运输过程中的能源利用效率，降低污染物排放成为政策研究的主要课题。

从微观层面看，目前国内主要的低碳技术有：①温拌沥青混合料技术；②高性能沥青路面材料技术；③沥青路面再生利用技术；④水泥路面加铺改造技术；⑤废旧材料回收利用技术；⑥建筑垃圾再生利用技术；⑦长寿路面技术。然而，要大力发展和推广使用道路、桥梁建设中的低碳环保技术，则需要一套与之相对应的科学的环境影响评价指标体系。

从宏观层面看，我国有关环境影响评价指标体系的研究尚处于起步阶段，集中于低碳经济和低碳社会的指标体系研究。主要有基于层次分析法（AHP）、基于物质流分析法和基于指标值综合合成法的低碳综合评价。张学毅等[93]分析了低碳经济的物质流，构建了低碳经济发展的指标体系，以一种直观的方式描述碳能源在经济过程中的投入以及产出，通过在不同环节实施不同的措施达到降低碳排放的目的。与前者不同，李晓燕等[94]则考虑到各个省份的相对差异，采用模糊层测分析法设计了一套适用于省区低碳经济的评价指标体系。2010年，中国社会科学研究院公布了评估低碳城市的新标准体系，具体分为低碳生产力、低碳消费、低碳资源和低碳政策四大类共12个相对指标。

可以看出，我国学术界对于交通基础设施环境影响评价研究仍停留在初级阶段，大多数的研究更侧重于微观层面的技术，站在宏观角度构建交通基础设施环境影响评估体系的研究尚存在大幅度的空白。构建交通基础设施的生命周期环境影响评估体系，综合反映交通基础设施发展效率，系统体现交通基础设施发展的阶段性差异，提出相应的政策建议，正是本书的研究动力所在。

本书将根据三种类型交通基础设施的碳排放 SimaPro 模型分析结果，从交通基础设施工程的物化、运营与维护及拆除回收三个阶段对节能减排进行分析。

14.1 物化阶段节能减排方案

随着交通基础设施建设的不断扩大，随之而来的碳排放污染也越来越凸显，尤其是物化阶段。总结出三类交通基础设施工程物化阶段的碳排放贡献率，见表14-1。

三类交通基础设施工程物化阶段碳排放贡献率　　　　表 14-1

名称	钢筋	石子	沥青	水泥砂浆	砂子	施工用电	市内运输	商品混凝土	水泥
桥梁	17.49%	0.02%	7.29%	—	0.138%	0.23%	2.29%	12.51%	—
公路	6.19%	0.005%	0.184%	—	0.044%	1.126%	0.753%	9.41%	57.29%
铁路	25.49%	0.133%	—	2.12%	4.737%	0.235%	0.679%	68.35%	—

注："—"号表示无此项。

从上表可以看出，在交通基础设施的物化阶段中，钢筋与混凝土的碳贡献率是最大的，随后则是沥青、砂子、石子等其他建材。因此，在物化阶段的"碳减排"应该着重考虑从钢筋以及各类混凝土的生产过程或使用过程入手，引进清洁化生产技术，在提高资源利用效率的同时降低二氧化碳排放量，降低钢筋及混凝土生产产业的节能潜力，以减少该阶段能源转化为影响当地环境的排放量，达到物化阶段可持续性减排的目的，最终做到可持续发展。

目前我国仍在不断扩大交通基础设施的建设，对于建筑材料的需求量进一步增加。由于钢筋与混凝土在各类建筑材料使用总量中所占比例最高，在建设交通基础设施的过程中需要耗费大量的钢筋、混凝土。由此可见，建材的生产阶段，尤其是钢筋生产阶段的节能是交通基础设施工程全生命周期节能减排的重要环节。在钢筋的生产阶段除了需要对结构与设备进行优化从而达到节能的目的之外，还需要对钢筋进行防锈措施保护，由此保证甚至延长钢筋的自然使用寿命，特别是在交通基础设施的使用阶段，在钢筋的混凝土保护层出现裂缝之后，钢筋直接暴露在空气中，会加快钢筋的腐蚀，从而减少了基础设施的使用年限。而在沿海地区这方面的情况会更加严峻，因此需要对钢筋做好维护措施，从而使得钢筋能在整个结构中发挥更好的作用，并可通过对结构的维修加固改造来达成目标。

下面给出在交通基础设施物化阶段的减排建议：

1. 建设前期低碳化建议

（1）交通基础设施的使用年限长，而相对建设时间短，具有高强度和集中排放的特点。物化阶段实现节能减排的核心在于如何科学设计低碳建筑物。交通基础设施的设计过程对于节能减排工作具有决定性作用，因此在项目设计时便应有合理的规划，建筑物在进行工程量预算的同时对交通基础设施项目进行定量化的环境排放测算及环境影响分析，当项目的碳排放预算未达到相应排放标准时，需要对该项目进行重新修正，直至达到标准为止。在设计阶段进行节能减排工作要求设计人员考虑到利用自然条件，在保证目标要求的条件下，尽量避开施工困难地段，且对材料的使用进行精细化管理与控制，减少材料的不必要浪费，避免造成额外的环境排放。但是就目前而言，我国的低碳设计机制、设计规范以及设计人员自愿距离设计低碳化还有相当的距离，低碳化设计以及精细化环境排放管理是交通基础设施生命周期减排工作的重要部分，需要相关部门给予足够的重视。

（2）良好规划的公路网能显著促进经济社会发展，促进交通运输承载能力，提升通道能力和通行效力，有助于建设生态安全格局，促进结构性节能减排。

（3）选择控制点和走廊带要慎之又慎，深入研究，多方案比选。应以区域经济社会发展状况确定路线走廊带，以运行车速理论指导路线方案选择和线形设计，从根本上解决安全问题。山区公路长陡纵坡的安全问题比较突出，路线走廊选择时也应予特别重视。项目所在区域的工程地质灾害评价和环境影响评价应在路线走廊选择前完成，路线走廊选择应绕避活动断裂带、大型滑坡、泥石流等重大地质灾害多发区，绕避环境敏感点。路线走廊选择应从建设、养护、运营、管理等各阶段进行全面经济比较，树立全生命周期成本的理念。

（4）公路建设必然占用一定数量的土地，包括永久占地及施工期的临时占地。在项目决策上，应认真研究，避免因工程重复建设或前、后期工程衔接不合理造成土地资源的浪费。

（5）采用全生命周期成本分析对道路路面结构各备选方案进行方案比选，同时对路面方案的能源使用情况及全球变暖潜能值（GWP）（二氧化碳当量排放量）进行分析。可选用耐久、节能、安全、环保的路面结构和路面技术，包括长寿命路面结构、温拌沥青技术、排水路面和减噪路面等。

（6）以运行车速理论为指导，灵活、合理地运用路线平、纵面线形指标。只要公路实际运行速度均衡、连续，即使个别或少数路段采用极限指标，也是一个好的设计。对于山区公路，在保证行程安全（均衡的行驶速度、良好的通视条件）的前提下，可采用接近标准中、下限的指标。

（7）贯彻尊重自然、保护环境的理念，最大限度减少公路对自然和人文环境的影响。公路线形设计应基本顺应原地形、地貌走向，尽可能拟合等高线，避免横切等高线，以减少高填深挖，努力将对自然的扰动、破坏控制在最小限度内。

（8）山区公路的路线方案要从多角度进行必选。应充分考虑环境治理和保护费用，并把对环境的破坏和可恢复程度作为主要必选条件。当受地形等限制，路线平、纵面确实没有调整的余地时，要进行高路堤与高架桥、深路堑与短隧道、半边桥（或棚洞）与高边坡的综合论证。一般情况下，高路堤超过20m、深路堑超过 30m 时，原则上应考虑采用桥梁和隧道方案。

（9）降低路基填土高度是平原微丘区应考虑的主要因素。高路堤占地多、土方数量大、造价高，发生事故时驾驶人难以控制，易造成恶性事故；噪声传播范围大、声污染相对严重；路堤在自重作用下沉降大并危及路面，在软土地基隧道尤为严重等。随着我国农村集约化生产程度的提高，农村居民以非机动车为主的出行模式正在改善。因此，应加大协调力度，在得到沿线政府及群众理解的前提下，尽量选择被交路上跨高速公路的低路堤方案。

（10）互通式立交设计的重点是满足功能，满足通行能力，其关键在于匝道出入口段的线形。在满足功能的前提下，互通式立交的设计不应也不必追求规模宏大，应选择简单紧凑的形式，对于山区高速公路尤为重要。服务区等设施的规模要把握得当，不宜追求大规模，宜采用一次规划、分期实施方案。

（11）取土坑、弃土场应选择在土地较荒芜的区域，尤其是不应将弃土场设置在水源附近。弃土场及便道应有完善的排水设施，并进行表面处理，使其与原有地形、地貌融为一体。取土坑最好选在公路视线所不及的地方，并尽量使其与周围地形融合，选址恰当并经修整的取土坑可用作蓄水池。

2. 施工阶段低碳化建议

（1）施工阶段低碳化总体思路

公路建设不可避免地会带来一定程度的环境负面效应，尤其是施工阶段的影响最为明显，比如土地资源的占用、植被破坏、水土流失、大气污染、噪声污染等。在建设资源节约型、环境友好型社会的大背景下，公路工程有必要按照低碳化施工理念升级施工水平，即应用可持续发展思想提升传统施工理念、节约资源和能源、保护和改善环境，全面优化整个施工工艺和施工过程，实现公路建设与自然环境和社会环境的高度和谐。

（2）提升管理水平

发挥总承包建设模式优势，实施集约化管理。利用信息技术和网络平台，实施信息化管理。落实交通运输部文件要求，推行施工标准化。细化施工和监理单位责任，推行管理精细化。

（3）节材与材料资源利用

施工过程中应用低碳环保材料，比如采用温拌沥青混合料、降低施工温度、节约能源，既保护环境，也对施工工人健康有利。

根据实际情况，充分利用已有路面材料，如现场热再生、现场冷再生、全厚式再生、水泥混凝土（PCC）的破碎、打裂压稳及碎石化等工艺。

也可循环利用已有废旧材料，如回收的沥青混合料、水泥混凝土、粒料、废旧建筑材料，工业副产品（粉煤灰、高炉矿渣等），处理过的废料（废旧轮胎、碎玻璃等）。

　　加强材料采购、堆放、入库保管、发配料等环节的管理，减少非实体性材料消耗。科学合理地布置施工现场，并绘制施工现场平面布置图，材料运输时，选用适宜的工具和装卸方法，防止损坏和遗洒。根据现场平面布置就近堆放，避免和减少二次搬运。

　　（4）节能与能源利用

　　公路工程施工要消耗煤炭、天然气、液化气、汽油、柴油、电等各种能源，低碳施工就是要对能源进行合理的节约利用，尽可能使用清洁能源。

　　为了减少车辆和机械设备的能耗，有必要制定并不断完善相应的维护计划、操作规范和车辆/设备的更换时间，最大限度地实现节能。可能用到的节能措施有：

　　1）制订并执行车辆和机械的预防性养护计划。

　　2）采用合成润滑油，通过减少摩擦，提高能源效率，延长车辆和机械寿命。

　　3）考虑制订驾驶员或操作人员的培训计划，更新操作人员的技能，帮助他们更好地了解自己的驾驶或操作习惯对油耗的影响。

　　4）记录车辆和机械的油耗，确认是否存在漏油的情况以及性能差的车辆。

　　5）适当时，将更高效的车辆和设备转移到更高的工作比任务上，较低效率的从事较低的工作比任务。

　　6）适当时，将许多小车辆的负荷集中到一个大车辆上（评估车辆和机械设备长期的使用和负荷水平，选择合适的车辆或机械设备来替换旧的）。

　　7）避免延长设备空转时间，制定空转时间政策并检测。通常公路车辆空转每小时消耗 2.0～2.5L 燃油。研究表明，在 3 分钟内关闭和重新启动的发动机是经济有效的。

　　8）限制运输车辆的速度，使车辆在经济的油量范围内运行，考虑复位发动机调速器（也可在需要时在重型设备上使用）。

　　9）邮箱装满到 95%，留有膨胀的空间，也可减少溢出。

　　10）当考虑买新设备时，选择最高效的发动机。对设备进行评估使之能以最高效的负荷运行。

　　（5）环境污染防治

　　公路建设行业具有点多线长面广、人员分散等特点，机械使用规模较大，施工中的粉尘和废气污染较突出。公路施工现场的施工材料多是粉状、颗粒状、片状物质，在搬运和施工生产作业时极易飞扬，比如水泥、砂子、白灰、石料、土、粉煤灰等。废气污染主要来源于现场沥青材料热熔、车辆运输产生的尾气。

　　堆料场、拌合站选择适当的位置有利于防治粉尘和废气污染，一般要远离居民区、学校，设在空旷地区。采取硬化施工便道，在施工现场适时洒水灭尘有利于防止粉尘污染，水泥、砂子、白灰、石料、土、粉煤灰等堆放时必须采取表面潮湿处理，用篷布遮盖，定期酒水，抑制物料扬尘污染。

沥青混合料拌合厂还应考虑设在居民区、学校等公共场所的下风向处。沥青混合料拌合尽量不采取敞开式、半封闭式加热工艺，而应采用封闭式加热工艺。配置沥青烟净化装置，有关方面要经常检查督促，使沥青烟排放达到相关大气排放限值。

14.2　运营与维护阶段节能减排方案

在交通基础设施工程的全生命周期中，不同类型的交通基础设施各阶段碳排放量有较大差异。根据 SimaPro 软件分析结果，总结出各类交通基础设施全生命周期各阶段的碳排放量，见表 14-2。

三类交通基础设施生命周期各阶段碳排放量汇总（单位：$kg\ CO_2\ eq$）**表 14-2**

名称	公路	桥梁	铁路
物化阶段	101	5030	553
运维阶段	52.5	52.5	14.6
拆除回收阶段	162	1300	412

从表 14-2 中可以看出交通基础设施物化阶段的能耗在建筑全生命周期能耗中的比例占了绝大部分，其次为拆除回收阶段，最后是运维阶段。虽然运维阶段相对其他两个阶段的碳排放较小，但也不容忽视。

下面本书从公路的运维阶段给出一些减排建议：

（1）保证交通基础设施道路安全的基础上，减少其使用年限内的大修维护次数，以增加预防性的日常维护替代大修维护。环境影响评价结果表明，即使多倍增加日常维护的强度，其总体环境影响依旧会远小于大修维护的环境影响，但必须关注的是其间的人力成本投入，避免盲目替代。

（2）从预防交通事故、降低事故产生的可能性和严重性入手，对公路工程进行全方位的安全审核，从而揭示公路发生事故的潜在危险因素，改善安全性能。

（3）采用电子不停车收费系统，不断提高不停车收费车道覆盖率和非现金支付使用率。

（4）高速公路沿线没有大量的监控和通信设备，这些设备的特点是功率小、距离站点远，且成线状布置。如果收费站或者服务区，因为距离远，不在正常合理供电范围内，一是造成电压损失超出合理范围，使设备无法使用；二是供电电缆的线径将大大增加，加大了投资成本。可结合太阳能和风能发电技术，维持高速公路正常运营过程中相关设备的电能供应。

（5）在高速公路正常运营过程中，将需要大量的照明、监控设备、冷暖空调，这些设备在使用过程中将消耗大量的电能。对于这些设备，以目前火力发电的模式，如果采用节能技术及产品的话，将可节约大量的电能，并有效减少二氧化碳的排放量。可采用节能照明、地源热泵、飞轮 UPS 技术，达到节约能耗的目的。

（6）及时跟踪测试路面设施的性能，提倡和实施公路设施预防性养护，维持高速公路良好的技术状态，及时修复各种损伤，保证各设施处于良好的技术状态。比如路面采用封缝、微表处、薄层罩面、就地热再生等。

（7）公路养护应充分利用可循环材料，包括道路自身的废旧材料以及其他工业废料，但在使用前建议对其环境影响进行定量测算分析，以免环境排放出现反弹增长现象。

重视节水技术，绿化、景观、洗车等用水可采用非传统水源。绿化灌溉可采用喷灌、微灌、微喷、渗灌等节水高效灌溉方式。非饮用水采用再生水时，利用附近集中再生水厂的再生水，或通过技术经济比较，合理选择其他再生水水源和处理技术。

也应注意养护活动对环境的影响。根据交通发展情况，及时采取措施保护居民生活环境。冬季路面除冰雪宜使用环境友好型融雪剂。

（8）充分利用智能交通系统，维护高速公路交通正常秩序，保障交通安全和行车畅通。

14.3　拆除回收阶段节能减排方案

拆除回收阶段是工程最后的收尾阶段，从表 9-5、表 10-5 及表 11-5 的三种交通基础设施全生命周期各阶段碳排放量表中可以看出，桥梁工程拆除回收阶段碳排放量占全生命周期视角下单位功能面积碳排放量的 20.4%；在铁路工程中，其拆除回收阶段占比达到 42.1%；公路的拆除阶段甚至达到 51.37%。值得一提的是，拆除回收阶段的废弃物若处理不当，会对环境造成重大的污染，因此拆除回收阶段的减排需要引起重视。

建筑垃圾可作为道路基层材料进行回收应用，例如，建筑垃圾经过适当的处理，粉碎废旧砖石和混凝土，调整配比，加入适量的水泥。祖加辉[95]测试了水泥稳定建筑垃圾材料的路面性能，结果表明，随水泥含量的增加，水泥稳定后的建筑垃圾的抗压强度增大。肖田等[96]研究了用石灰粉煤灰稳定建筑垃圾后材料的路用性能，结果表明试验中石灰粉煤灰稳定建筑垃圾的强度均能满足轻交通底基层材料的要求。建筑垃圾在城市中的就地处理、就地利用不仅可以大大减少建设过程中对天然砂石及土的消耗，降低道路建设的成本，而且保护了城市周边的生态环境，是科学有效的建筑垃圾再生利用途径之一。

面向交通部门的节能减排工作，在该阶段本书提出相应的对策建议如下：

（1）就近消纳处理拆除废弃物，减少运输的距离，从而降低拆除运输计量，减少该部分造成的环境排放。

（2）拆除施工机具能耗所造成的环境影响比废弃物的运输造成的环境影响贡献相对更大，需要从拆卸施工技术以及使用高效的施工机具入手，实施低排放拆除施工管理计划，控制拆除能耗造成的环境影响。

（3）建立健全环境监管体系，制定鼓励政策促进拆除废弃物的再生处理以及循环利用研究，推动垃圾分类回收处理工作。当前，我国正处于经济建设的高速发展时期，建设工地的废弃物排放量很大。据调查，我国每年施工建设产生的建筑垃圾达上亿吨以上，绝大部分都未经任何处理，有的堆放在露天，有的填埋在地势低洼的地方，造成环境污染和资源的浪费，建筑垃圾的综合利用即合理利用这些资源，取得一定的经济效益，而且改善了环境，美化了市容，很大程度避免了由于建筑垃圾乱堆乱放，释放的有害气体而对城市居民的身体健康带来的危害。所以说建筑垃圾的回收利用有着较好的环保价值。此外，可以通过对垃圾进行严格分类以提高废旧建材的回收率，研究其回收利用技术以求追上欧洲一些国家和日本的建筑材料回收率，减少建筑垃圾，政府方面需要加强相关方面的宣传以及监督。

（4）增强原料供应商可持续创新能力，在行业内推广绿色建材。目前，我国建材主要包括钢材和铝材等，回收比率和回收品种均有待提高。交通部门应在行业内塑造一个良好的创新环境，建议原料供应商研发更易回收的新型绿色材料，提高建筑材料平均时长回收率，使材料达到其最大回收能力，加快材料的循环利用，改进生产工艺，减少建材生产与回收的能耗，减少建筑材料的废弃，从而减少建筑碳排放。

15　政府节能减排政策建议

　　现今社会气候灾害异常频发，雾霾天气深深困扰着我国大部分地区的人们。随着城市日益发达和工业化不断的推进，由于人类活动所排放出的大量温室气体而产生的温室效应已被证实是全球变暖的罪魁祸首，节能减排已成为全球关注的热门话题。世界已开始将环境问题纳入行动，并在《联合国气候变化框架公约》和《京都议定书》中签署了一系列应对气候变化的制度条约，2016 年正式生效的《巴黎协定》也为未来应对全球变暖指明了方向和目标。中国作为目前世界碳排放量最大的国家也在积极参与和应对，承诺 2030 年单位国内生产总值二氧化碳排放比 2005 年下降 60％～65％，非化石能源占一次能源消费比重达到 20％左右，森林蓄积量比 2005 年增加 45 亿 m³ 左右。面对这一承诺，占国内生产总值逾 7％的建筑业如何实现我国在《巴黎气候变化协定》60％～65％的减排承诺，必须有切实的应对措施。对建筑全生命周期的碳排放量进行测算，提出降低建筑碳排放的相关策略，对于实现建筑行业减排承诺意义重大[97]。

　　我国的节能减排工作早在多年前就已经得到政府的重视，包括建筑节能设计标准的制定与强制执行、可再生能源技术的应用、大力推广节能产品等，从"十一五"规划到"十三五"规划中的节能减排政策，充分表现了政府对节能减排的重视，并取得显著的成果。只是由于理论研究的不完善及技术的不成熟，国内的节能减排依然需要政策的大力支持。2020 年 4 月 28 日，中国建筑材料联合会发布《关于进一步提升建材行业节能减排水平加快绿色低碳发展步伐的实施方案》（中建材联协发 ［2020］ 34 号），推进建材行业节能减排水平不断提升。以民用建筑为例，本书研究结果显示，民用建筑运维阶段碳排放占建筑全生命周期碳排放的比重非常大，显然体现出建筑运维阶段的能源消耗在建筑能耗中的重要地位。而目前国内建筑节能标准主要集中在建筑运维阶段，对建筑全生命周期其他阶段的节能工作则分散在不同领域节能政策中，如建筑技术、工业节能以及废弃资源利用等领域的节能政策。这些政策分散，以及政策监管部门缺乏协调，导致这些传统的建筑节能政策无法更加系统地统筹规划，无法实现建筑生命周期能源消耗达到最优化，从而无法最大程度减小环境影响。此外还需要关注"自上而下"型的减排政策的实施会增加工业企业的生产负担，短时间内企业难以通过调整或选择合适的生产技术适应减排政策的实施。面临减排任务，特别是小型企业短期内很难通过调整要素投入结构实现减排目标，因此政策的出台需综合考虑这些因素。本书通过钢筋混凝土构造全生命周期环境排放计算模型分析，根据研究结果进行节能减排建议，确定节能减排的重点阶段和领域，这样可以更好地协助政府制定节能政策，促进监管部门间协调统一。

政府作为政策制定者，需要提供必要的条件并创建一个能促进新技术、流程和商业模式广泛应用的友好型创新环境。本书从政府的三个关键角色来进行分析：智能监管者（Smart regulator）；长期战略规划师和孵化者（Long-term strategic planner & incubator）；具有前瞻性的项目业主（Forward-looking project owner）。

15.1 政府作为智能监管者

2017 年 3 月 14 日，中华人民共和国住房和城乡建设部发布《建筑节能与绿色建筑发展"十三五"规划》，部署了加快提高建筑节能标准及执行质量、全面推动绿色建筑发展量质齐升、稳步提升既有建筑节能水平、深入推进可再生能源建筑应用、积极推进农村建筑节能 5 大主要任务，并明确了 5 项举措，包括：健全法律法规体系、加强标准体系建设、提高科技创新水平、增强产业支撑能力、构建数据服务体系。近年来，我国建筑节能和绿色建筑事业取得重大进展，建筑节能标准不断提高，绿色建筑呈现跨越式发展态势，既有居住建筑节能改造在严寒及寒冷地区全面展开，公共建筑节能监管力度进一步加强，节能改造在重点城市及学校、医院等领域稳步推进，可再生能源建筑应用规模进一步扩大，圆满完成了国务院确定的各项工作目标和任务。为了确保建筑工人和业主的健康和安全以及达到保护环境的要求，政府必须进行监管。此外，监管经常被认为是建筑业技术进步的主要障碍之一，并被视为是一种过时的商业方式的延续。据此，建筑业需要的是一种新的监管方式——智能监管（Smart regulator），以确保标准的高效性和有效性，并提供一个灵活的框架以便迅速实现技术进步的监管。下面结合政府相关政策提出建议：

1. 协调并定期更新建筑代码以消除管理障碍并反映技术变化

中国在建筑工艺使用方面，基本上仍然在使用传统建筑工艺，而传统建筑工艺会产生大量建筑垃圾，造成严重的生态危机。3D 打印被认为是实现建筑节能、绿色发展的一项新技术，是解决传统建造过程中高能耗、高污染的关键。3D 打印是一种基于材料堆积法的快速成型技术，可实现快速建造，创造出大量传统建筑工艺不易建造甚至无法实现的新型建筑结构[98]。3D 打印诞生于 20 世纪 80 年代后期，又被称为增材制造、快速成型。1997 年，美国学者 Joseph Pegna 首先提出了 3D 打印建筑的设想[99]。3D 打印技术的引入，把建筑业带入数字领域，扩大了建筑设计和建筑的可能性。与传统建筑工艺相比，3D 打印技术具有施工周期短、建造工艺简洁、降低劳动强度、促进文明施工等优势[100-103]。

3D 打印在建造过程能减少碳排放、降低污染和噪声，提高建筑材料利用率，其节能、环保的优势符合当前绿色建筑发展思路。但是大多数建筑代码没有将 3D 打印技术作为建筑技术的一个方法，而是继续专注于传统的砌块、砂浆和混凝土墙体。3D 打印建筑作为新兴建筑技术，应得到政府的重视。中国 3D 打印公司为了适应现有的监管，必须将其打印的空心墙与传统的结构元素结合起来，这在一定的程度上制约了新技术的发展，政府应加快制定促进 3D 打印技术在建筑行业应用的规则。

在政策环境保障上，国家对于 3D 打印材料等新材料行业给予了重点支持。《绿色建筑行动方案》《中国制造 2025》等政策先后出台，为我国 3D 打印材料的发展提供了保障，也为 3D 打印建筑的智能制造提供了坚实的基础保障。《中国制造 2025》提出随着新一代信息技术与制造业深度融合，3D 打印、移动互联网、大数据等新兴技术将重构现有的制造业技术体系，推动实现制造生产方式的变革，智能制造将代替重复和一般技能劳动成为大势所趋。在加快发展智能制造装备和产品方面，提出组织研发增材制造等智能制造装备以及智能化生产线；在推进制造过程智能化方面，提出加快增材制造等技术和装备在生产过程中的应用；在高档数控机床和机器人领域，提出要加快增材制造等前沿技术和装备的研发；在生物医药及高性能医疗器械领域中，提出要实现生物 3D 打印等新技术的突破和应用。

2. 开发基于性能的且可灵活用于促进技术进步的标准和智能规则

一个完善的标准和智能规则，不仅能够对建筑节能减排实施的整个过程有一个更好的约束与规范，同时还可以为建筑节能的顺利开展提供重要保障。但规范和专有规则在一定程度上会对创新造成阻碍，因为它们强化了现状且无法反映新技术的发展。在已出台的建筑碳排放计算标准及征求意见稿中提出的碳排放计算方法，多是直接利用建材使用量与碳排放因子进行计算而得到的。但是随着 3D 打印技术的发展，建筑新材料研发趋势迅猛，大量新型绿色建筑材料如 GRG、SRC、盈恒石、FRP、建筑打印油墨等出现在 3D 打印建筑中。当 3D 打印建筑发展更快时，将会采用更多的新材料和新工艺。而这时利用传统建材的碳排放因子计算这一方法将很难对建筑碳排放进行研究，而研究出新的一套材料的碳排放因子仍然需要很长的时间周期。但若采用智能化的技术，比如运用基于 SimaPro 软件与 BEES＋方法的碳排放测算方法进行建筑碳排放计算，那么将会实现更加简便、更加实用化及结果更加全面化的计算操作。技术进步的重要推手就是制定和接受标准，相关标准既可以是正式技术标准，也可以通过信息的广泛传播以及出现占据主导地位的具体实践。加大投资来减少制定标准所需的时间以及免费发放标准的措施，将能够加快节能减排治理工作。因此，政府应与创新者合作，推进开发更加灵活的基于性能又可促进技术进步的标准和智能规则。

目前已实施的相关政策文件有《住房和城乡建设部关于印发 2020 年工程建设规范标准编制及相关工作计划的通知》（建标函［2020］9 号），该文件指出满足工程建设需要，落实工程建设标准体制改革的总体要求，推进节能减排、资源节约利用、生态环境保护和工程建设高质量发展，保障工程质量安全，改善民生，促进工程建设领域技术进步。

3. 与技术供应商合作，确保定义数据和技术标准的互操作性

随着新技术的进步和授权使用，系统的互操作性显得尤为重要。互操作性又称互用性，是指不同的计算机系统、网络、操作系统和应用程序一起工作并共享信息的能力，新兴技术系统应当能够使用通用数据格式和通信协议来交流信息，应当能够直接解释数据为用户带来精准的、持续的利益。数据要想成为公共资源，技术和规则都需要适用多个地区。这方面的协作需要能够交流和共享信息的治理机制、技术系统、机构和个人设备。在建筑行业，如果没有互操作性，承包商就有可能受限于冗余和不可兼容的系统，他们在不同的系统上培训员工，并浪费时间将不同的输入文件统一到一个系统中。目前，世界上已有数个国家和地区完成了本地的建材碳排放因子数据库的构建。但由于各个国家或地区的用能特点不同、建材生产技术差别很大，导致碳排放数据的通用性较差，在具体计算时不能引用其他国家的碳排放因子数据来取代，否则可能会产生巨大的差异。现有的大型 LCI 数据库基本都是欧美的，关于中国的数据太少，国内数据的统计又良莠不齐，可信度不高。国内仅有少数人，如四川大学王洪涛副教授正在主持开发中国核心生命周期数据库，但仍然远远不够。因此，政府需要加大支持力度，与 LCA 与 SimaPro 的技术供应商合作，对使用一系列操作系统的研究学者或承包商进行相关软件应用培训，并促进建立权威的适用于中国的建筑业数据库，确保定义数据和技术标准的互操作性，为国内建筑碳排放研究学者提供可靠的数据来源，以推进低碳绿色建筑行业的快速发展。

相关政策文件：《住房城乡建设部关于开展工程质量管理标准化工作的通知》（建质［2017］242 号）。

相关内容摘要：促进质量管理标准化与信息化融合。充分发挥信息化手段在工程质量管理标准化中的作用，大力推广建筑信息模型（BIM）、大数据、智能化、移动通讯、云计算、物联网等信息技术应用，推动各方主体、监管部门等协同管理和共享数据，打造基于信息化技术、覆盖施工全过程的质量管理标准化体系。

4. 与私有认证机构协作以确保规则适应已认证的创新规则

政府与老牌企业乃至初创企业积极寻求协作，与私有认证机构协作以求填补监管的空白。政府应与这些认证机构，比如与可进行生命周期等级认证（LCA Rate 认证）与绿色等级认证（Green Tag 认证）的机构积极合作，以确保新技术的发展得到及时认证，并在必要时纳入条例。LCA 等级认证是将产品通过一个严格的生命周期鉴定（即 LCA 鉴定）。此过程比通常的解决方法更容易使采购人员和鉴定专家鉴定产品的不同。另外，每个标签采用了白金、金、银和铜的不同等级来定义，加上绿色标牌的绿色指数，准确地定义产品在绿色市场中的尖端位置。LCA 等级认证是世界第一个基于健康和可持续产品的评级系统的认证，甚至超越了从"摇篮到坟墓"的 LCA 生命周期分析。GreenRate 绿色等级认证将会给绿色制造商带来在各项绿色建筑评级制度的领先鉴定，是澳大利亚、新西兰、南非等国绿色建筑委员会认可的产品评级系统，用于证明产品符合绿色之星"可持续产品"的要求。所有 GreenRate 绿色等级认证的产品都经过"符合目标"的详尽审查，确保产品符合建筑法规。LCA Rate 认证与 Green Tag 认证适用于所有建筑、室内设计和基础设施产品。建筑在进行全生命周期视角下的 LCA 评估及碳排放测算后，可通过权威的认证以确保建筑项目相关权利与义务得到保障。这样除了能规整建筑企业为了附和低碳口号编造数据的乱象，还能确保政府制定的规则适应已经过认证的创新规则。

目前已实施的相关政策文件有《国务院办公厅关于推广第三批支持创新相关改革举措的通知》（国办发〔2020〕3 号），该文件指出要着力破除制约创新发展的体制机制障碍，推进相关改革举措先行先试，发挥市场和政府作用有效机制，促进科技与经济深度融合，激发创新者动力和活力，要把推广第三批改革举措与巩固落实第一批、第二批改革举措结合起来，同一领域的改革举措要加强系统集成，不同领域的改革举措要强化协同高效，不断巩固和深化在解决体制性障碍、机制性梗阻和开展政策性创新方面取得的改革成果，推动各方面制度更加成熟更加定型，真正把制度优势转化为治理效能。要认真梳理和总结本地区、本部门全面创新改革试验工作的成效和经验，在充分发挥已推广改革举措和典型经验示范带动作用的同时，继续加强和深化改革创新探索实践，进一步聚焦重点领域和关键环节，不断激发市场活力和社会创造力，推动经济持续健康发展。

5. 建立快速和可预知的创新实践许可审批流程，与项目开发人员讨论流程应用的实际障碍

在建筑规划和建设阶段，政府应定期与开发商举行项目会议，讨论可能出现的问题，例如绿色建材的采用、规范能源的使用等。现阶段，我国建材工业的主

要特点是"大而不强"。建材工业对资源、能源消耗巨大，环境污染严重，这些都制约着社会经济的发展。可持续发展已成为建材工业所面临的最大挑战。在我国，每年生产建筑材料需要消耗能源超过 2.3 亿吨标准煤。实施建材清洁生产，提高能源利用效率，减少环境污染，推动建筑材料和建筑的绿色化是当务之急。目前，绿色环保已经成为建筑行业一个新的热点话题，同时也对建筑材料的运用提出了新的标准。环保材料的运用不但可以提高整个建筑物对于周围环境的亲和力，同时也可以发挥节能保温、吸音降噪等相关实用功能，在未来以节能环保为理念的绿色建筑将得到深入的发展。绿色环保材料对天然资源消耗少，有较高的可回收利用率，不会对人体自然环境产生不良污染，而且在它制造和生产的过程当中，废弃物的处理环节也不会产生不良影响，能最大限度保障周围的环境。所以绿色环保建筑材料的运用可以很好改善当地人与自然环境的关系，在整个建筑物的主体当中，使用绿色环保材料可以有效帮助保护周围的环境。而作为绿色环保建材，它需要具有以下几大特点：必须具有可回收利用性，减少对于环境资源的浪费；在生产和使用过程当中不会产生过多的环境污染因素，对于周围环境能够起到较好的保护作用；建筑材料本身要具有多功能性，例如可以抗菌除湿，保障相应的身体健康；其本身的质量要达到优良，并且各种技术参数不能低于传统的建筑材料[104]。建材工业的节能重点应集中在调整工业结构、规模，淘汰高能耗的工艺及设备，这也正是现阶段我国建材工业的节能战略，具体战略目标为通过国家政策导向和严格的调控，实现 10 年内建材工业节能降耗 20%。为鼓励更多企业加入建筑工业创新实践中来，政府应建立快速和可预知的创新实践许可审批流程，并与项目开发人员积极开展讨论流程应用的实际障碍。

目前已实施的相关政策文件有《国务院办公厅关于支持国家级新区深化改革创新加快推动高质量发展的指导意见》（国办发〔2019〕58 号），该文件指出坚持向改革创新要动力，赋予新区更大改革自主权，发挥综合功能平台优势，加强改革系统集成探索，巩固在解决体制性障碍、机制性梗阻和强化政策性创新等方面取得的改革成果，注重各项改革协调推进、相得益彰，推动制度优势转化为治理效能。深入实施创新驱动发展战略，促进科技与经济深度融合，重大科技创新和大众创业万众创新相互推动。健全科技成果转化激励机制和运行机制，支持新区科研机构开展赋予科研人员职务科技成果所有权或长期使用权试点，落实以增加知识价值为导向的分配政策，自主开展人才引进和职称评审。健全知识产权创造、运用、管理、保护机制，加强知识产权保护、运营服务、维权援助、仲裁等工作力量，鼓励和支持企业运用知识产权参与市场竞争。

6. 完善监管体系，提升信息化管理水平

建筑节能工程的实施，不仅落实执行了有关节能的相关方针政策，而且从节能建筑的未来发展前景而言，提升了建筑企业的核心竞争力，推动了建筑行业的健康持续发展。一个完善的管理体制，不仅能够对建筑节能减排实施的整个过程有一个更好的约束与规范，同时还可以为建筑节能的顺利开展提供重要保障。要想达到理想的建筑节能实施效果，仅仅单方面操作还是远远不够的，必须要在各领域相互协同合作的支持下才能够更好地完成。从管理这一角度来看，必须要注重监管机构的建立，并加大监督与管理力度；而从技术这一角度来看，必须要做到科学合理，同时要充分考虑到成本的高低，尽可能选用成本较低的技术，这样做既能够节省一定的建筑成本，还可以达到理想的实施效果。

作为推动建筑节能工程的第一责任人，政府必须充分发挥其主导作用，一方面完善建筑相关的监测体系，基于统计分析指标实现民用建筑节能工作的责任制考核，保障建筑节能工作的顺利开展；另一方面采取财政补贴、税收优惠等多种宏观、微观调控手段，刺激建筑节能工程的参与各方，重视节能工程的投入。约束、激励同时作用，"两手都要抓、两手都要硬"，充分发挥政府部门的监督管理职责。同时，针对建筑节能工程，需借助无线信息技术完成对建筑能耗的信息采集、处理和分析，搭建建筑能耗监测信息管理体系，为政府部门、建筑企业以及相关主管部门提供科学的信息化数据，推动民用建筑节能工程信息化、数据化发展，提高监管效率，落实建筑节能效果[105]。

目前已实施的相关政策文件有《国务院办公厅关于加快推进社会信用体系建设构建以信用为基础的新型监管机制的指导意见》（国办发［2019］35号），该文件指出以加强信用监管为着力点，创新监管理念、监管制度和监管方式，建立健全贯穿市场主体全生命周期，衔接事前、事中、事后全监管环节的新型监管机制，不断提升监管能力和水平，进一步规范市场秩序，优化营商环境，推动高质量发展。

15.2 政府作为长期战略规划师和孵化者

建筑业占全球GDP的比重约为6%，该行业是原材料的主要使用者，且其碳排放量占全球总碳排放量近1/3的比例。因此，政府应采取战略性办法来规划该行业的发展，实现更大的生产率、更强的负债能力、更好的可持续性和抗灾能力。

1. 以长期规划师的视角为建筑业定义战略创新议程，并建立一个推动该议程提出和促进跨行业协作与知识交流的公私倡议

我国建立了长期的绿色节能建筑发展目标，且建筑节能标准在稳步提高。全国城镇新建民用建筑节能设计标准全部修订完成并颁布实施，节能性能进一步提

高。城镇新建建筑执行节能强制性标准比例基本达到 100%，累计增加节能建筑面积 70 亿平方米，节能建筑占城镇民用建筑面积比重超过了 40%。北京、天津、河北、山东、新疆等地开始在城镇新建居住建筑中实施节能 75% 强制性标准，绿色建筑实现了跨越式发展。全国省会以上城市保障性安居工程、政府投资公益性建筑、大型公共建筑开始全面执行绿色建筑标准，北京、天津、上海、重庆、江苏、浙江、山东、深圳等地开始在城镇新建建筑中全面执行绿色建筑标准，推广绿色建筑面积约 10 亿平方米。而即将出台的"十四五"规划的主要任务是：

（1）持续治理生态环境。"十四五"规划将持续部署生态环境治理工作，加快建立健全生态文化体系、生态经济体系、目标责任体系、生态文明制度体系、生态安全体系；全面优化国土空间开发布局，调整产业布局，培育壮大节能环保产业、清洁生产产业、清洁能源产业，推进资源全面节约和循环利用；以空间治理和空间结构优化为主要内容，严守"三区三线"，实施并加强国土空间用途管制，建立匹配高质量发展要求的空间治理体系，加强空间管理体制机制建设，提出空间结构调整的方向、原则和推进空间治理体系和能力现代化的思路和举措。

（2）发展高质量现代经济。"十四五"规划将围绕推进经济高质量发展这一主要目标，建立以企业为主体、市场为导向、产学研深度融合的产业体制，促进科研成果转化；重视市场在资源配置中的决定性作用，建立准入畅通、开放有序的市场体系，提高生产资料与劳动力的配置效率；促进资源节约、环境友好、规范有序的绿色发展体系建设，使高污染、高能耗、生产方式不符合环保标准的企业退出市场；实施对外开放和境内开放，加快要素市场深度拓展开放，建立结构优化、效益提升的全面开放体系。

（3）构建创新生态体系。"十四五"规划将围绕深化实施创新驱动发展战略，提出完善税收政策、后补贴政策、奖励政策、采购政策，并制定推动政策落地的具体措施，优化创新政策环境；深化科技体制改革，用简政放权的"减法"换取创新创业的"加法"，扶持培育创新型领军企业；创新引人、用人、育人长效机制，研究建立合适人才聘用机制；促进科技交流合作"走出去"和"引进来"相结合；支持和鼓励创建创新型孵化器，搭建风险投资与创业创新成果对接平台，开展技术成果转化和交易，推进科技成果熟化转化。从而培育和营建开放、包容、和谐、有序的创新生态系统，激发创新主体的最大动能。

（4）提升城镇化发展质量。"十四五"规划将针对"区域发展不平衡问题"，围绕提升城市环境品质；开展城镇生态环境修复治理，改善城镇人居环境；坚持城乡融合发展、统筹实施新型城镇化战略与乡村振兴战略，坚持深化改革、破除新型城镇化体制机制障碍。

（5）完善基础设施网络。"十四五"规划将根据建设安全高效、智能绿色、互联互通的现代基础设施网络重要任务，强化基础设施领域补短板力度，补齐铁路、公路、水运、机场等领域短板，提升基础设施供给质量，加快推进基础设施建设的重大项目；完善基础设施建设领域的配套政策措施。

可见政府已经制定了明确且长远的绿色节能建筑及建筑碳排放目标，但还需制定相配套的建筑碳排放计算标准。运用 SimaPro 软件进行碳排放测算已经在欧美等发达国家得到普遍的应用，政府可组织国外相关专家对企业进行统一培训，促进开发出适用于中国国情的碳排放计算软件并建立权威数据库，以长期规划师的视角为建筑业定义战略创新议程，并建立一个推动该议程提出和促进跨行业协作与知识交流的公私倡议以推动国家即将出台的"十四五"规划主要任务的实现。

目前已实施的相关政策文件有《国务院关于印发"十三五"节能减排综合工作方案的通知》（国发［2016］74 号），该文件指出强化建筑节能。实施建筑节能先进标准领跑行动，开展超低能耗及近零能耗建筑建设试点，推广建筑屋顶分布式光伏发电。编制绿色建筑建设标准，开展绿色生态城区建设示范，到 2020年，城镇绿色建筑面积占新建建筑面积比重提高到 50%。实施绿色建筑全产业链发展计划，推行绿色施工方式，推广节能绿色建材、装配式和钢结构建筑。强化既有居住建筑节能改造，实施改造面积 5 亿平方米以上，2020 年前基本完成北方供暖地区有改造价值城镇居住建筑的节能改造。推动建筑节能宜居综合改造试点城市建设，鼓励老旧住宅节能改造与抗震加固改造、加装电梯等适老化改造同步实施，完成公共建筑节能改造面积 1 亿平方米以上。推进利用太阳能、浅层地热能、空气热能、工业余热等解决建筑用能需求。

2. 着力于建设典范项目以推动创新并刺激供应链升级

广义的建筑供应链是指从业主产生项目需求，经过项目定义（可行性研究、设计等前期工作）、项目实施（施工阶段）、项目竣工验收交付使用后的维护等阶段，直至扩建和建筑物的拆除这些建设过程的所有活动和所涉及的有关组织机构组成的建设网络。狭义的建筑供应链是指房地产企业从政府获得土地开始，通过项目承包，由施工企业完成工程建设，项目竣工验收后，由房地产企业进行销售，并由消费者选择合适的物业公司进行物业管理，直至扩建和建筑物的拆除这些建设过程的所有活动涉及的单位组成的建设网络。建立施工企业供应链目的是利用信息网络技术整合企业内外资源，使之以较低成本为项目提供满足要求的服务、中间产品和制成品，提高资源利用率，实现效益增长。由于建筑的一次性以及临时性，建筑供应链管理应用还不成熟，因此刺激供应链升级，使之广泛应用于建筑供应链管理成为必然选择。刺激供应链升级可从以下两方面进行：所有的建筑工程都是按照提前制定好的设计方案来完成的，设计方案是建筑工程的灵魂，所以要想在建筑工程中融入节能减排意识，就要从建筑工程第一步的设计方案开始入手。因此，政府可投资开发一种战略性新技术的建筑典型案例，作为其他建筑设计方案的参考，以此刺激供应链升级，例如在实施了建筑碳排放测算后进行了生命周期等级认证（LCA Rate）或绿色等级认证（Green Tag）且认证通过的建筑。在一种全面的创新战略的推动下，企业或创新团队可充分发挥创造力促进建筑项目相关创新的发展，并且为供应商和其他建筑行业利益相关者提供参考与借鉴。另一个关键因素是协作方法，要想得到最佳的节能减排效果，需要收集来自建筑领域各方主体的所有想法，达成节能共识，如可以通过对媒体的利用，使广大人民群众都参与到其中，通过在线门户网站收集来自建筑领域的所有想法，并将信息利益相关者整合到联合创新激励工作中，以此刺激供应链升级。

目前已实施的相关政策文件有《关于进一步做好供应链创新与应用试点工作的通知》（商建函〔2020〕111号），该文件指出加强供应链安全建设，将供应链安全建设作为试点工作的重要内容，加强对重点产业供应链的分析与评估，厘清供应链关键节点、重要设施和主要一、二级供应商等情况及地域分布，排查供应链风险点，优化产业供应链布局。加快推进供应链数字化和智能化发展，加大以信息技术为核心的新型基础设施投入，积极应用区块链、大数据等现代供应链管理技术和模式，加快数字化供应链公共服务平台建设，推动政府治理能力和治理体系现代化。加快推动智慧物流园区、智能仓储、智能货柜和供应链技术创新平台的科学规划与布局，补齐供应链硬件设施短板。促进稳定全球供应链，要积极促进产供销有机衔接，促进全球供应链开放、稳定、安全。

3. 促进和扶持私营企业和政府开展相关研究和开发活动，推广绿色节能建筑

随着城市化水平的不断提高，城市的人口数量在不断增加，城市建筑业也朝着大规模的方向发展。建筑行业在城市中的发展越来越蓬勃，但是建筑行业属于高能耗、高投入、高污染的行业类型，其能源消耗量达到全社会能源消耗量的30%左右，再加上每年房屋建筑材料的生产消耗，会增加建筑行业整体的总能耗，这对促进我国建筑行业的现代化以及可持续发展是十分不利的。而节能建筑的推广以及应用对提高建筑行业的节能环保效果有重要意义，大力推广节能建筑技术可以大大提高建筑的节能效果，有利于降低建筑的能耗，缓解我国能源资源供应紧张的问题，对促进建筑行业的可持续发展有积极的现实意义[106]。但由于在建筑市场上，新建节能建筑需要增加的成本在使用过程中得不到弥补，即节能建筑具有良好的社会受益但不能完全转化为私人收益。因而，近些年来，我国新建的建筑面积符合节能建筑标准的数量并不高，大部分建筑仍然为高能耗建筑，建筑市场中的各方参与主体不具有积极性。虽然节能建筑的造价成本比普通建筑更高，但是从长远的利益考虑，节能建筑具有更好的社会效益以及经济效益。因此，必须大力推动节能建筑的发展以及进步，提高节能建筑在建筑行业中所占的

比例，制定相应的政策，促进和扶持私营企业和政府开展相关研究和开发活动，用以鼓励推动建筑节能的顺利推广。

（1）加大对建筑节能的资金投入与支持力度

针对建筑节能减排，在实际实施的过程中，需要在一定的费用下才能够保证其顺利完成。就目前来看，虽然有些地方政府能够制定出一些合理有效的节能减排措施，并且还能够采用一些激励政策来提高节能减排工作的热情和积极性，但是在资金方面还缺少一定的投入力度，同时也未能建立一个完善的资金使用监管机制，由于资金的缺乏，严重影响到建筑节能的实施。

（2）充分调动开发商的积极性

建筑开发商是建筑节能领域的主体之一，他们是节能建筑及产品的生产者，为此，政府应制定一系列经济激励政策，充分调动开发商的积极性，生产更多符合标准的节能建筑及产品。例如，对于达到建筑节能标准的建筑物，可享受税收优惠政策及贴息贷款等倾斜政策，鼓励他们积极开发、建造节能建筑，并在加大资金及科研投入的基础上促使节能建筑或产品的生产成本不断下降，降低用户使用节能建筑的私人边际成本；政府通过建立节能建筑及产品的能效标识及认证制度，不断引导开发商积极生产达到甚至超过能效标准的建筑及节能产品，在市场上设置竞争机制达到降低成本的目的。

（3）提高用户使用节能建筑的主动性

用户是节能建筑的最终消费者和受益者，让更多的用户购买并使用达到标准的节能建筑是最根本的工作。首先，政府可以通过对使用节能建筑及其产品的用户进行补贴，例如，可在供暖费或电费的价格上实行优惠的措施，使用户因使用节能建筑或节能产品的外部性在经济上得以体现；此外，可考虑通过严格的税收政策来提高用户使用非节能建筑及产品的边际私人成本，从另一个方面来刺激、提高用户使用节能建筑的积极性和主动性。

大力推动节能建筑的发展是适应社会发展的重要措施，在当前的建筑行业发展过程中，必须充分利用节能环保技术，才能够降低建筑物在施工过程中以及投入使用后的能源消耗情况。在钢筋混凝土建筑的运维阶段，需要大力推广太阳能技术，广泛利用可再生能源。发达国家太阳能技术已广泛应用于建筑节能领域并取得显著的效益。我国《可再生能源法》也明确规定："国家鼓励单位和个人安装和使用太阳能利用系统，包括太阳能热水系统、太阳能供暖和制冷系统、太阳能光伏发电系统等"；"在建筑物的设计和建造中为太阳能利用提供必备条件"。我国丰富的太阳能资源及日趋成熟的太阳能利用技术和基本国产化的设备供应能力，将使太阳能这种清洁的、可再生能源在建筑节能中扮演越来越重要的角色。太阳能光热利用、光电利用、光线利用等方面的产业化发展，在建筑供暖、供热水、制冷降温、通风、自然采光等方面，应用前景十分广阔。当前，应以供暖和供热水为主，结合光伏发电和地源热泵的开发，弥补其不稳定的欠缺，使之得到广泛的推广和应用。

目前，我国建筑节能进展依然缓慢，除技术方面原因外，也有体制和价格方面的原因。长期以来北方供暖地区实行的是计划经济体制下形成的低热价、"大锅热"的供热体制，严重地阻碍建筑节能的推进。只有坚持供热的商品性、市场化，才能彻底改变宁可欠供热费、降低供热质量，也不愿建设符合节能标准的住宅。为解决热费收缴难、用热计量难等问题，也可考虑到供热的灵活、方便，现在不少住宅采用了家用燃气热水锅炉分散供暖的方式。但是这种小型锅炉热效率低、存在安全隐患、污染低层大气，缺点是显而易见的，并不符合节能环保的要求。所以，在供热体制改革逐步深化、热调节和热计量技术比较成熟可靠的前提下，还是应该提倡在城市市区以集合住宅为主的住区中，实行集中式供热，以有利于节能和环保。

目前已实施的相关政策文件有《国务院办公厅关于积极推进供应链创新与应用的指导意见》（国办发〔2017〕84号），该文件指出积极倡导绿色消费理念，培育绿色消费市场。鼓励流通环节推广节能技术，加快节能设施设备的升级改造，培育一批集节能改造和节能产品销售于一体的绿色流通企业。加强绿色物流新技术和设备的研究与应用，贯彻执行运输、装卸、仓储等环节的绿色标准，开发应用绿色包装材料，建立绿色物流体系。

4. 通过在职业学校和高等学校培养计划中量身定制的职业培训计划和有效的课程，促进建筑创新和低碳建筑的发展

建筑教育为建筑设计和建造培养高层次人才，是历代建筑艺术和文化的传承，从历史来看，高等建筑教育往往是超前于时代的经济、文化和生活的进步。随着社会的发展和人民生活的提高，各种资源的消耗及二氧化碳排放造成环境污染越来越严重，逐步对人类的生存和发展造成严重的威胁，引起了国内外高等院校和研究机构的高度重视，也对建筑教育提出了新挑战。学者们纷纷基于低碳建筑教育的发展现状，提出传统教育与低碳教育的有机融合、加强多学科联合、实现产学研联合等低碳建筑教育的改革措施，为今后实现建筑可持续发展奠定了基础[107]。吸引社会各方力量，整合社会资源合作办学，与企业以及中高等院校协同合作，创新人才培养模式，提高人才培养质量，从职业学校和高等学校的培养计划中制定关于建筑碳排放领域及建筑绿色节能领域的有效课程，通过本科或专科横向与纵向相结合的培养，输出大量建筑碳排放领域与节能建筑领域的创新型人才，成为推动建筑创新与低碳建筑发展的有效途径。以新加坡的案例为例[108]，新加坡建设局通过"建筑环境部门未来研究技能奖"的设立来促进建筑创新和数字科技的发展。该奖项为建筑行业的工人提供5000美元的赠款用于各种建筑相关课程的学习，例如BIM课程、

装配式建筑设计和建造以及精益建造等，取得了良好的效果，推动了建筑创新的发展。以此案例为鉴，政府可以通过设计多项相关奖项来激发该领域的学生、研究学者乃至企业人才的参与积极性，与高校合作制定有效的该领域的课程，让学生、研究学者以及企业相关人才一起参与进来，提供良好的交流学习平台，推广绿色建筑技术以及促发建筑创新灵感。

目前已实施的相关政策文件有《国务院办公厅关于深化产教融合的若干意见》（国办发〔2017〕95 号），该文件指出深化"引企入教"改革。支持引导企业深度参与职业学校、高等学校教育教学改革，多种方式参与学校专业规划、教材开发、教学设计、课程设置、实习实训，促进企业需求融入人才培养环节。推行面向企业真实生产环境的任务式培养模式。职业学校新设专业原则上应有相关行业企业参与。鼓励企业依托或联合职业学校、高等学校设立产业学院和企业工作室、试验室、创新基地、实践基地。

15.3　政府作为具有前瞻性的项目业主

政府作为建设项目的主要所有者，无论是水坝、港口、公路和桥梁等有形基础设施资产，还是医院、学校、航天和娱乐设施等社会基础设施资产，公共部门承担了大部分的建筑工程，所以政府和纳税人更应该积极主动帮助建筑业通过创新提高生产力来实现利益最大化。并且，作为主要业主，政府可以为自己的项目设定技术标准、流程和工具，通过不断的实践后将其推广应用于商业、住宅等私人建筑项目中来。

1. 开发业主方的能力，缩小与私营企业的知识差距，创建一种友好型创新文化

当今世界已处于一个由创意、创新驱动的时代。一个国家、一个城市综合竞争力的强弱，从根本上说，取决于其创新能力的高低。在新的时代，创新型文化不仅是构建创新型城市、创新型国家的关键性资源，更是城市竞争力、国家竞争力的核心要素，创新型文化建设是一个城市、一个民族决胜未来的必由之路。政府（项目业主）在客户端发展创新友好型文化具有较大的重要性。迪拜在创造城市地标和世界上最高的建筑的时候，其业主与承包商、供应商一起合作创造了许多破纪录的创新，例如在混凝土泵送、建筑设计、立面安装和升降技术方面的创新[108]。可见政府结合清晰长远的视野和企业进行有效的合作后，创建出了一种友好型的创新文化，并生动地展现了这种文化的影响。因此，政府作为主要的项目业主方，应在与私营企业的不断合作中学习先进的绿色低碳建筑技术与创新思维，缩短与技术前沿的知识差距，充分开发业主方的创新能力与实践能力。

目前已实施的相关政策文件有《国务院办公厅关于促进建筑业持续健康发展的意见》（国办发 ［2017］ 19 号），该文件指出加快培养建筑人才。积极培育既有国际视野又有民族自信的建筑师队伍。加快培养熟悉国际规则的建筑业高级管理人才。大力推进校企合作，培养建筑业专业人才。加强工程现场管理人员和建筑工人的教育培训。健全建筑业职业技能标准体系，全面实施建筑业技术工人职业技能鉴定制度。

2. 引入更加灵活的采购和合同模式，调整激励机制，改善风险分担，使业主、承包商和运营商之间的合作更早更稳定

随着经济全球化以及科学技术变革的加快，人们开始逐渐意识到，在建筑领域政府与企业的联合协作对于政府公共基础设施建设的必要性和企业发展的重要性。正所谓"术业有专攻"，政府自有的资源与核心能力为企业提供的价值是不一样的，而企业具有的投资潜力也能很好地解决政府所面临的财政支出问题。故政府必须与企业联合起来，从而使合作各方达到比预期单独行动更为有利的结果。政府可以与建筑项目主要承包商建立联盟模式，全程参与建筑项目，实现双方合作时间更长、信息更对称的目标。传统的采购模式下，承包商在项目的规划和设计阶段就已经参与进来，最后导致建筑工程交付迟迟不能结束。因此政府可采用 PPP 模式建成建筑项目，形成"利益共享、风险共担、全程合作"的伙伴关系，从而使政府的财政支出更少，企业的投资风险更轻。对于例如医院、学校等钢筋混凝土建筑项目，可由项目经理和主承包商组成的团队进行合作，将有效地减少建筑项目中出现的各种问题。政府可以通过投资基于建筑全生命周期的 BIM 技术和优化的 IT 环境来降低长期成本。

目前已实施的相关政策文件有《住房城乡建设部关于开展工程质量管理标准化工作的通知》（建质 ［2017］ 242 号），该文件指出采取指导和激励并重的方式，健全相关管理制度，建立工作激励机制，提高主管部门、相关企业和工程项目管理机构开展质量管理标准化工作的积极性、主动性。

3. 从项目全生命周期视角考虑业主获得的最大化效益，同时考虑在整个寿命周期中的所有成本和收益及潜在资产再利用的灵活性

对于建筑工程项目来说，工程建设的各方都有责任对于项目的实施进行管理。但是相对于业主来说，其他各个参与方只负责对于和业主签订合同中业务履行过程的管理，而业主则要和不同参与方分别签署对应的经济合同。从可行性研究到工程竣工交付使用全过程实施管理，是工程建设管理中最核心的部分。而业主从设施的灵活选择和对建筑的灵活设计方面进行工程建设管理，有助于降低建筑的成本，是实现绿色建筑节能减排的基础。在项目生命周期中选择灵活的设施和技术支持，能在实现项目预期功能的基础上最大限度地降低该项工程的资金投入。另外，随着我国经济、社会的不断发展，我国建筑行业也得到了迅猛的发展，人们对建筑物的功能、结构的要求越来越高，这也对建筑设计工作提出了更高的要求，建筑设计水平也面临更大挑战。对于建筑物的设计工作不能仅仅停留在建筑物的建成阶段，还需要考虑到建筑物的使用、改造以及再利用的过程，需要考虑建筑物的全生命过程，可以对建筑进行灵活的设计，使得建筑可以在需要的时候重新调整用途，改建为其他类型的钢筋混凝土建筑，如由商业建筑改建为住宅建筑或学校建筑等。从项目全生命周期视角考虑业主获得的最大化效益，同时考虑在整个生命周期中的所有成本和收益及潜在资产再利用的灵活性，可降低未来建筑进行节能改造的成本。

目前已实施的相关政策文件有《住房城乡建设部办公厅关于征求〈建设项目总投资费用项目组成〉〈建设项目工程总承包费用项目组成〉意见的函》（建办标函〔2017〕621号），该文件指出深化建筑业"放管服"改革，降低企业经营成本，激发市场投资活力，促进建设项目工程总承包，满足建设各方合理确定和有效控制工程造价的需要。

4. 利用大数据分析法和数字技术更好地了解政府（项目业主）的资产，并最大限度地提高资产的使用寿命和利用率

城市的发展伴随着新旧建筑的更新替代，这种更新替代的速度决定了建筑的寿命。改革开放之后，我国的城市化进程进入了一个全新的高速发展时期，大量城市的建筑新老交替速度加快，相当一部分建筑在远未达到设计使用年限便被拆除了。我国《民用建筑设计通则》对建筑耐久年限有着明确规定：重要建筑和高层建筑主体结构耐久年限为100年，一般建筑为50～100年，但现实生活中我国建筑寿命只有30年之长，建筑短命成为全国各地城市化进程中普遍存在的现象，这不仅对我国资源及能源造成了极大浪费，对社会经济产生很大负面影响，而且破坏了我国城市文化的延续性，与我国提倡的科学发展观以及可持续发展的精神背道而驰。保护城市建筑以延长建筑寿命，提升城市价值认识，使城市文脉新旧延续，更能体现城市地方风采特色，符合我国建设资源节约型、环境友好型社会的战略部署。

根据本书的研究结果，钢筋混凝土构造运维阶段的碳排放占整个生命周期碳排放的34.0%～70%，如果增加建筑使用年限，将有效减少全生命周期内单位建筑的年平均碳排放量。在钢筋混凝土规划设计阶段，可以通过延长钢筋混凝土构造的设计使用年限，使得建筑物的50年使用年限达到80～100年，在这种情况下，钢筋混凝土建筑材料的碳排放均摊到80～100年，其单位建筑面积年平均碳排放就会大大降低。站在宏观角度上分析，从建筑全生命周期角度上看，年均

碳排放量的降低将大幅减少建筑全生命周期碳排放，尤其对于体量规模较大的建筑，碳排放强度降低可产生非常大的减排效益。目前，我国处于高速发展建设阶段，大拆大建现象普遍存在，建筑平均使用寿命普遍较短，与欧美发达国家间存在较大的差距，为减少建筑全生命周期碳排放，体现可持续发展意识，建议通过合理城市规划和设计，减少城市大规模拆建的情况，通过合理维护和修缮改造，延长建筑使用年限，使老旧建筑焕发新的生机，从而减少建筑碳排放。由此可见，通过优化这些资产的运营和维护并延长它们的寿命，将产生巨大的利益。

目前已实施的相关政策文件有《国务院办公厅关于促进建筑业持续健康发展的意见》（国办发〔2017〕19号），该文件指出在新建建筑和既有建筑改造中推广普及智能化应用，完善智能化系统运行维护机制，实现建筑舒适安全、节能高效。加快先进建造设备、智能设备的研发、制造和推广应用，提升各类施工机具的性能和效率，提高机械化施工程度。

上述政策建议有望有助于政府制定相关政策，以加速行业转型。

尽管我国目前在建筑节能领域取得的进展与国外相比还有很大的差距，但是，不难发现，随着全球能源形势的日益紧张以及我国自身发展的需求，政府已经越来越重视建筑领域的节能减排，并制定了大量的支持政策以推进中国建筑节能领域的发展。近些年来，我国绿色节能建筑的面积在逐年提高。在城市建设过程中，住房城乡建设部及其下属建筑管理部门对建筑的设计以及施工过程的节能要求有了显著的提高，相关建筑节能规范与节能标准也日趋完善，同时加强对节能建筑的各种配套政策的落实，对节能建筑的推广起到了重要的推动作用。在"十三五"规划发布以来再到未来几年的时间里，政府也将会出台更多的与建筑节能有关的税收优惠措施和财政补贴政策，相信我国绿色节能建筑的数量和质量将会达到一个新的高度，我国的建筑业节能减排工作也将实现重大的突破。

第六部分　总结与展望

16 总结与展望

16.1 本书总结

本书以全生命周期评估（LCA）思想为理论基础，建立了钢筋混凝土构造全生命周期视角下的 SimaPro 碳排放计算模型，对分别来自陕西、广东、浙江的 4 个类别（住宅、医院、商业以及学校）以及来自河南、甘肃的三种交通基础设施（桥梁、铁路、公路）的钢筋混凝土构造进行了工程量清单调研，并分别对建筑及交通基础设施全生命周期内各阶段的环境影响及排放量进行计算，根据计算结果对 4 种类型钢筋混凝土建筑及 3 种交通基础设施的物化阶段及全生命周期下的碳排放进行了对比分析，涉及的各个计算分析过程即为本书采用的钢筋混凝土建筑的碳排放标准测算的完整流程。现将本书的研究结果总结如下：

（1）根据全生命周期评估理论，本书把钢筋混凝土建筑划分为物化阶段、运维阶段以及拆除与回收阶段，并明确了建立钢筋混凝土建筑 SimaPro 模型的具体步骤以及具体运行计算分析步骤。本书除了对钢筋混凝土建筑进行阶段性碳排放分析和全生命周期视角下的建筑碳排放分析外，还对其进行了多种环境排放的影响评价分析，包括全球变暖、酸化、富营养化、生态毒性、烟雾、自然资源消耗、栖息地的改变以及臭氧消耗等，分析结果具有完整性与全面性。

（2）根据研究案例的特征化分析结果对比，可以得出钢筋对于酸化与生态毒性具有正面的影响，对于全球变暖、富营养化等其他环境因素的影响皆是负面的。而在上述案例中，物化阶段对环境排放贡献最大的主要建材或耗能过程中大都包含钢筋与混凝土这两项，说明钢筋与混凝土是环境碳排放贡献最大的主要建材，节能减排的措施与手段应主要从这两项入手，需要较大的投入才能达成目标。此外，市内运输的排放相对其他主要建材的排放而言都是仅占有较小的比例，甚至可忽略不计，因此不需在这方面浪费大量人力、物力、财力去大力改善。

（3）根据对四种类型民用建筑的物化阶段碳排放计算结果，可知单位建筑面积的碳排放量按从大到小的顺序排列分别是住宅建筑、医院建筑、商业建筑及学校建筑。住宅单位建筑面积碳排放量最大，而学校建筑单位面积碳排量最小。住宅建筑的运维阶段碳排放量较大；商业办公楼的运维阶段碳排放量远大于其物化阶段；特别是医院建筑的运维阶段碳排放量，甚至达到了其物化阶段的 3 倍。因此，在建筑的运维阶段，即其投入使用的阶段，应大力对其能源使用方面进行重视，对钢筋混凝土建筑进行节能改造，以求降低其运维阶段的巨额耗能，达到减少建筑碳排放的目的。而对于三种类型的交通基础设施，其物化阶段的环境排放量从大到小的顺序是桥梁、铁路、公路。其中桥梁的排放量占比最大，最小占比为公路。交通基础设施在物化阶段的能耗在建筑全生命周期能耗中比例占了绝大部分。

（4）根据对钢筋混凝土建筑全生命周期碳排放的对比可知，在全生命周期视角下，单位建筑面积的医院建筑碳排放量远大于其他类型的钢筋混凝土建筑碳排放量，达到了 3390kg CO_2eq，是单位面积住宅建筑与商业建筑的碳排放量之和。由于医院在投入使用后，其各种医疗设备的长时间耗能，会使得它在 50 年的使用年限里，产生巨量的碳排放。因此，对于医院建筑的节能减排，应该从其大量医疗设备的改善方面入手，会达到最大效果的建筑节能减排。

（5）本书依据 SimaPro 模型计算结果分析，针对不同类型的钢筋混凝土构造以及钢筋混凝土构造的不同阶段的碳排放量与环境排放贡献率提出了不同的建筑节能对策，认为从全生命周期视角下对建筑进行全方位的节能改造是缓解我国建筑能源大量消耗带来环境问题的有效途径。根据钢筋混凝土建筑的 LCA 思想，从建筑的物化阶段（即各种主要建材的生产阶段及施工阶段）、建筑运维阶段以及建筑的拆除回收阶段进行改造节能和节能减排建议，从而达到降低建筑能耗的目标，推动我国的建筑节能事业的发展。

（6）本书确定了行业内钢筋混凝土构造物化阶段、使用及运营阶段、拆除回收阶段的全生命周期内碳排放标准测算及其他环境排放的测算方法。本书并没有提出一个定量的碳排放标准数据，是因为各种类型的钢筋混凝土建筑，由于其使用功能要求有所不同，会造成其碳排放的需求各异。从本书计算案例可知医院建筑的运维阶段碳排放需求远远大于学校建筑，因此直接给定一个具体的单位建筑面积碳排放量标准是不公平且难以实现的。所以本书采用全生命周期视角下钢筋混凝土建筑碳排放测算方法，对各类型钢筋混凝土建筑全生命周期视角下的碳排放及其他环境排放进行对比分析，以期能为建筑行业的节能计算提供借鉴。

（7）本书从政府的角度提出了三个方面的政策建议，从政府的三个关键角色来进行分析：智能监管者；长期战略规划师和孵化者；具有前瞻性的项目业主。期望有助于政府制定相关政策，以加速行业转型。

本书基于全生命周期评估（LCA）的思想建立钢筋混凝土构造的环境影响评价模型，可计算分析单个建筑各生命阶段的环境排放，也可对不同建筑进行环境排放对比分析，进行环境影响评价。尽管在国内利用 SimaPro 软件对钢筋混凝土构造进行环境影响评价的方法还不够完善，但对我国的钢筋混凝土构造环境排放的计算研究方法的欠缺有着积极的意义。

16.2 研 究 展 望

由于客观条件的限制，本书的研究仍然存在需要改进的地方。现结合本书研究过程中遇到的问题提出以下几点建议，希望能对以后此方面的研究提供参考：

（1）人力、物力和现有资料的限制，本书仅在 4 种具有代表性的民用建筑类型中选出了 4 个钢筋混凝土建筑案例以及 3 种交通基础设施的案例进行全生命周期视角下的钢筋混凝土构造环境影响评价模型分析，未能做到每种项目类型的建筑都选出多个案例来进行集体分析对比，案例个数依然有限，建议以后此方面的研究可继续收集大量的钢筋混凝土建筑案例，完成对钢筋混凝土建筑的全面碳排放分析探讨。

（2）在计算钢筋混凝土建筑全生命周期的环境排放时，本书仅对每种案例的主要建材或主要耗能过程的数据进行组装建模，由于具体建筑工程量清单的材料多样性与复杂性，本书没能把更多的建材乃至全部的建材与耗能过程全部进行模型组装分析，因此本书在完整性上仍然有所欠缺。如条件许可，应投入更大人力、物力，以期得到更为全面准确的计算分析数据。

（3）数据的调研一直是建筑碳排放分析的一项主要工作，调研数据的完整性以及准确性直接关乎研究结果的正确与否，因此希望国家统计局或其他能源相关部门能做好关于建筑的材料清单数据库与建筑能源消耗数据库，为以后做建筑碳排放或者建筑环境排放的学者提供符合我国现状的权威的数据来源。

（4）对于钢筋混凝土建筑的运维阶段的数据，难以进行现场实测，因为调研数据时可能有的建筑是刚刚完成物化阶段还未投入使用，因此只能从相关文献中查找这类型建筑使用阶段的平均数据或者以某个案例的数据来进行运维阶段的数据代入，更何况，建筑的设计使用年限为 50 年，不能获得 50 年内的建筑能耗，只能是使用相关假设来进行计算。建议以后的相关学者能尽量使用建筑实测值求得其年平均能耗，从而计算整个 50 年周期的碳排放，获得更准确的计算结果。

参 考 文 献

[1] 方定琴. 上海市建筑能源消耗的估算与分析[D]. 合肥：合肥工业大学，2012.

[2] 陈海波. 运行阶段的建筑节能研究[D]. 北京：清华大学，2004.

[3] Wu X Y，Peng B，Lin B R. A dynamic life cycle carbon emission assessment on green and non-green buildings in China [J]. Energy & Buildings，2017，149：272-281.

[4] Kim R，Tae S，Roh S. Development of low carbon durability design for green apartment buildings in South Korea [J]. Renewable and Sustainable Energy Reviews，2017，77：263-272.

[5] Cao K Y，Xu X P，Wu Q，et al. Optimal production and carbon emission reduction level under cap-and-trade and low carbon subsidy policies [J]. Journal of Cleaner Production，2017，167：505-513.

[6] Li X Y，Peng Y，Zhang J. A mathematical/physics carbon emission reduction strategy for building supply chain network based on carbon tax policy [J]. Open Physics，2017，15(1)：97-107.

[7] Lu Y J，Cui P，Li D Z. Carbon emissions and policies in China's building and construction industry：Evidence from 1994 to 2012[J]. Building and Environment，2016，95：94-103.

[8] Choi S W，Oh B K，Park H S. Design technology based on resizing method for reduction of costs and carbon dioxide emissions of high-rise buildings [J]. Energy & Buildings，2017，138：612-620.

[9] Chau C K，Hui W K，Ng W Y，et al. Assessment of CO_2 emissions reduction in high-rise concrete office buildings using different material use options [J]. Resources，Conservation & Recycling，2012，61：22-34.

[10] Zhang X C，Wang F L. Stochastic analysis of embodied emissions of building construction：A comparative case study in China [J]. Energy & Buildings，2017，151：574-584.

[11] Gan V J L，Chan C M，Tse K T，et al. A comparative analysis of embodied carbon in high-rise buildings regarding different design parameters [J]. Journal of Cleaner Production，2017，161：663-675.

[12] Su X，Zhang X. A detailed analysis of the embodied energy and carbon emissions of steel-construction residential buildings in China [J]. Energy & Buildings，2016，119：323-330.

[13] Lee D，Lim C，Kim S. CO_2 emission reduction effects of an innovative composite precast concrete structure applied to heavy loaded and long span buildings [J]. Energy & Buildings，2016，126：36-43.

[14] Buchanan A H，Levine S B. Wood-based building materials and atmospheric carbon emissions [J]. Environmental Science and Policy，1999，2(6)：427-437.

[15] Teh S H, Wiedmann T, Schinabeck J, et al. Replacement scenarios for construction materials based on economy-wide hybrid LCA [J]. Procedia Engineering, 2017, 180: 179-189.

[16] Stocchero A, Seadon J K, Falshaw R, et al. Urban equilibrium for sustainable cities and the contribution of timber buildings to balance urban carbon emissions: A New Zealand case study [J]. Journal of Cleaner Production, 2016, 143: 1001-1010.

[17] Hafner A, Schäfer S, Hafner A. Comparative LCA study of different timber and mineral buildings and calculation method for substitution factors on building level [J]. Journal of Cleaner Production, 2017, 167: 630-642.

[18] Li L J, Chen K H. Quantitative assessment of carbon dioxide emissions in construction projects: A case study in Shenzhen [J]. Journal of Cleaner Production, 2017, 141: 394-408.

[19] Zhang X C, Wang F L. Life-cycle carbon emission assessment and permit allocation methods: A multi-region case study of China's construction sector [J]. Ecological Indicators, 2017, 72: 910-920.

[20] Hu F, Zheng X. Carbon emission of energy efficient residential building [J]. Procedia Engineering, 2015, 121: 1096-1102.

[21] Peng C H. Calculation of a building's life cycle carbon emissions based on Ecotect and building information modeling [J]. Journal of Cleaner Production, 2016, 112: 453-465.

[22] Forsberg A, Malmborg F V. Tools for environmental assessment of the built environment [J]. Building and Environment, 2004, 39(2): 223-228.

[23] Humbert S, Abeck H, Bali N, et al. Leadership in energy and environmental design (LEED)-A critical evaluation by LCA and recommendations for improvement[J]. The International Journal of Life Cycle Assessment, 2007, 12(1): 46-57.

[24] Scheuer C W, Keoleian G A. Evaluation of LEED using life cycle assessment methods [R]. Gaithersburg: National Institute of Standards and Technology, 2002.

[25] Keoleian G A, Blanchard S, Reppe P. Life-cycle energy, costs, and strategies for improving a single-family house [J]. Journal of Industrial Ecology, 2000, 4(2): 135-156.

[26] Citherlet S, Defaux T. Energy and environmental comparison of three variants of a family house during its whole life span [J]. Building & Environment, 2007, 42(2): 591-598.

[27] Junnila S, Horvath A M. Life cycle environmental effects of an office building [J]. Journal of Infrastructure Systems, 2003, 9(4): 157-166.

[28] Kofoworola O F, Gheewala S H. Environmental life cycle assessment of a commercial office building in Thailand [J]. International Journal of Life Cycle Assessment, 2008, 13 (6): 498-511.

[29] Sartori I, Hestnes A G. Energy use in the life cycle of conventional and low-energy buildings: a review article [J]. Energy and Buildings, 2007, 39(3): 249-257.

[30] Ramesh T, Prakash R, Shukla K K. Life cycle energy analysis of buildings: an overview

[J]. Energy and Buildings, 2010, 42(10): 1592-1600.

[31] Blengini G A, Di Carlo T. The changing role of life cycle phases, subsystems and materials in the LCA of low energy buildings [J]. Energy and Buildings, 2010, 42(6): 869-880.

[32] Monahan J, Powell J C. An embodied carbon and energy analysis of modern methods of construction in housing: A case study using a life cycle assessment framework [J]. Energy and Buildings, 2011, 43(1): 179-188.

[33] Hammond G P, Jones C I. Embodied energy and carbon in construction materials [J]. Proceedings of the Institution of Civil Engineers-Energy, 2008, 161(2): 87-98.

[34] Hacker J N, Saulles T P D, Minson A J, et al. Embodied and operational carbon dioxide emissions from housing: A case study on the effects of thermal mass and climate change [J]. Energy & Buildings, 2008, 40(3): 375-384.

[35] Foundation N. Operational and embodied carbon in new build housing-a reappraisal [R]. Milton Keynes: NHBC Foundation, 2011: 1-40.

[36] Scheuer C, Keoleian G A, Reppe P. Life cycle energy and environmental performance of a new university building: modeling challenges and design implications [J]. Energy and Buildings, 2003, 35(10): 1049-1064.

[37] Junnila S, Horvath A, Guggemos A A. Life-cycle assessment of office buildings in europe and the united states [J]. Journal of Infrastructure Systems, 2006, 12(1): 10-17.

[38] Blengini G A, Carlo T D. Energy-saving policies and low-energy residential buildings: an LCA case study to support decision makers in Piedmont (Italy) [J]. International Journal of Life Cycle Assessment, 2010, 15(7): 652-665.

[39] WRAP. Time for a new age-halving waste to landfill: seize the opportunity [R]. London: The Waste and Resources Action Programme, 2009.

[40] Liu M, Gao H, Lin C. Comparative analysis of bridges' environmental impact based on LCA [J]. Journal of Huazhong University of Science and Technology, 2009, 37(6): 108-111.

[41] Wang X, Duan Z, Wu L, et al. Estimation of carbon dioxide emission in highway construction: a case study in southwest region of China [J]. Journal of Cleaner Production, 2014, 103: 705-714.

[42] Hettinger A, Birat J, Hechler O, et al. Sustainable bridges - LCA for a composite and a concrete bridge [J]. Springer Fachmedien Wiesbaden, 2015, 5(6): 45-56.

[43] Krantz J, Larsson J, Lu W, et al. Assessing embodied energy and greenhouse gas emissions in infrastructure projects [J]. Buildings, 2015, 5(4): 1156-1170.

[44] Peñaloza D, Erlandsson M, Pousette A. Climate impacts from road bridges: effects of introducing concrete carbonation and biogenic carbon storage in wood [J]. Structure & Infrastructure Engineering, 2018, 14(1): 56-67.

[45] Du G L, Karoumi R. Life cycle assessment of a railway bridge: comparison of two super-

structure designs [J]. Structure & Infrastructure Engineering, 2013, 9(11): 1149-1160.

[46] Xie H B, Wu W J, Wang Y F. Life-time reliability based optimization of bridge mainte-
nance strategy considering LCA and LCC [J]. Journal of Cleaner Production, 2018, 176:
36-45.

[47] Reza B, Sadiq R, Hewage K. Emergy-based life cycle assessment (Em-LCA) for sustain-
ability appraisal of infrastructure systems: a case study on paved roads [J]. Clean Tech-
nologies & Environmental Policy, 2014, 16(2): 251-266.

[48] Liu R, Smartz B W, Descheneaux B. LCCA and environmental LCA for highway pave-
ment selection in Colorado [J]. International Journal of Sustainable Engineering, 2014, 8
(2): 102-110.

[49] Soriano M, Casas J R. Influence of advanced assessment methods on the LCA of elderly
bridges [M]. Boca Raton: Crc Press-Taylor & Francis Group, 2014.

[50] Kreiner H, Passer A, Wallbaum H. A new systemic approach to improve the sustainabili-
ty performance of office buildings in the early design stage [J]. Energy and Buildings,
2015, 109: S0378778815302802.

[51] Sun X Y, Dong WW, Wang H L, et al. Multi-Level Fuzzy Comprehensive Evaluation of
Bridge Carbon Intensity Based on Life-Cycle Carbon Emission Model [J]. Advanced Ma-
terials Research, 2012, 374-377: 1685-1689.

[52] Ren J, Gao L, Feng Y. Discussion on the traffic carbon emission structure and develop-
ment strategy of low carbon transportation in Tianjin [J]. Environmental Pollution &
Control, 2015, 37(08): 96-99.

[53] Li D, Wang Y Q, Liu Y Y, et al. Estimating Life-Cycle CO_2 Emissions from Freeway
Greening Engineering [J]. CICTP 2017 Transportation Reform and Change-Equity, In-
clusiveness, Sharing, and Innovation Proceedings of the 17th Cota International Confer-
ence of Transportation Professionals, 2018, 796-805.

[54] Huang B, Xing K, Pullen S. Carbon assessment for urban precincts: Integrated model
and case studies [J]. Energy & Buildings, 2017, 153: 111-125.

[55] Lee N, Tae S, Gong Y, et al. Integrated building life-cycle assessment model to support
South Korea's green building certification system (G-SEED) [J]. Renewable & Sustain-
able Energy Reviews, 2017, 76: 43-50.

[56] Azzouz A, Borchers M, Moreira J, et al. Life cycle assessment of energy conservation
measures during early stage office building design: A case study in London, UK [J].
Energy & Buildings, 2017, 139: 547-568.

[57] Li H X, Zhang L M, Mah D, et al. An integrated simulation and optimization approach
for reducing CO_2 emissions from on-site construction process in cold regions [J]. Energy
& Buildings, 2017, 138: 666-675.

[58] Schmidt M, Crawford R H. Developing an integrated framework for assessing the life cy-
cle greenhouse gas emissions and life cycle cost of buildings [J]. Procedia Engineering,

2017，196：988-995.

[59] Sim J，Sim J. The effect of new carbon emission reduction targets on an apartment building in South Korea [J]. Energy & Buildings，2016，127：637-647.

[60] 住房和城乡建设部. 住房城乡建设部标准定额司关于征求国家标准《建筑碳排放计算标准（征求意见稿）》意见的函 [EB/OL]. http：//www. mohurd. gov. cn/zqyj/201704/t20170414_231500. html，2017-4-11/2017-12-20.

[61] Chen G Q，Chen H，Chen Z M，et al. Low-carbon building assessment and multi-scale input-output analysis [J]. Communications in Nonlinear Science & Numerical Simulation，2011，16(1)：583-595.

[62] 尚春静，储成龙，张智慧. 不同结构建筑生命周期的碳排放比较[J]. 建筑科学，2011(12)：66-70.

[63] 李静，刘燕. 基于全生命周期的建筑工程碳排放计算模型[J]. 工程管理学报，2015，29(4)：12-16.

[64] Ye H，Ren Q，Hu X Y，et al. Modeling energy-related CO_2 emissions from office buildings using general regression neural network [J]. Resources，Conservation & Recycling，2018，129：168-174.

[65] Li Y，Yuan L，Li Z H，et al. Evaluation method on energy consumption and carbon emission for public building [J]. Applied Mechanics and Materials，2014，700：715-722.

[66] Pan W，Qin H，Zhao Y S. Challenges for energy and carbon modeling of high-rise buildings：The case of public housing in Hong Kong [J]. Resources Conservation & Recycling，2017，123：208-218.

[67] Yang T，Pan Y Q，Yang Y K，et al. CO_2 emissions in China's building sector through 2050：A scenario analysis based on a bottom-up model [J]. Energy，2017，128：208-223.

[68] Gan V J L，Cheng J C P，Lo I M C，et al. Developing a CO_2-e accounting method for quantification and analysis of embodied carbon in high-rise buildings [J]. Journal of Cleaner Production，2016，141：825-836.

[69] Li D，Cui P，Lu Y. Development of an automated estimator of life-cycle carbon emissions for residential buildings：A case study in Nanjing，China [J]. Habitat International，2016，57：154-163.

[70] Li B，Fu F F，Zhong H，et al. Research on the computational model for carbon emissions in building construction stage based on BIM [J]. Structural Survey，2012，30(5)：411-425(15).

[71] Marzouk M，Ahmed E，Al-Gahtani K. Building information modeling-based model for calculating direct and indirect emissions in construction projects [J]. Journal of Cleaner Production，2017，152：351-363.

[72] Steele K，Cole G，Parke G，et al. Environmental impact of brick arch bridge management [J]. Structures & Buildings，2003，156(3)：273-281.

[73] Giri R K，Reddy K R. Sustainability assessment of two alternate earth-retaining struc-

tures [J]. Geotechnical Special Publication, 2015, 256: 2836-2845.

[74] Yay A S E. Application of life cycle assessment (LCA) for municipal solid waste management: A case study of Sakarya [J]. Journal of Cleaner Production, 2015, 94: 284-293.

[75] Souza D M D, Lafontaine M, Charron-Doucet F, et al. Comparative life cycle assessment of ceramic brick, concrete brick and cast-in-place reinforced concrete exterior walls [J]. Journal of Cleaner Production, 2016, 137: 70-82.

[76] Starostka-Patyk M. New products design decision making support by SimaPro software on the base of defective products management [J]. Procedia Computer Science, 2015, 65: 1066-1074.

[77] Homagain K, Shahi C, Luckai N, et al. Life cycle cost and economic assessment of biochar-based bioenergy production and biochar land application in Northwestern Ontario, Canada [J]. Forest Ecosystems, 2017, 3(1): 12-21.

[78] 江九龙. 基于 LCA 的建筑结构环境影响评价[D]. 郑州: 中原工学院, 2016.

[79] 吉晓朋, 江九龙, 边亚东. 基于 LCA 的住宅建筑环境影响评价[J]. 河南建材, 2016 (04): 16-18+21.

[80] 崔璨. 基于生命周期道路能耗评价模型的建立分析及应用[D]. 郑州: 郑州大学, 2014.

[81] 罗智星, 杨柳, 刘加平, 等. 建筑材料 CO_2 排放计算方法及其减排策略研究[J]. 建筑科学, 2011, 27(04): 1-8.

[82] 仓玉洁, 罗智星, 杨柳, 等. 城市住宅建筑物化阶段建材碳排放研究[J]. 城市建筑, 2018, (17): 17-21.

[83] Sharma A, Saxena A, Sethi M, et al. Life cycle assessment of buildings: A review [J]. Renewable and Sustainable Energy Reviews, 2011, 15(1): 871-875.

[84] 李金潞. 寒冷地区城市住宅全生命周期碳排放测算及减碳策略研究[D]. 西安: 西安建筑科技大学, 2019.

[85] 申琪玉. 绿色建造理论与施工环境负荷评价研究[D]. 武汉: 华中科技大学, 2007.

[86] 佘洁卿. 基于 LCA 的夏热冬暖地区公共建筑碳排放及减排策略研究[D]; 华侨大学, 2014.

[87] 熊国武. 窗墙比和遮阳对住宅供暖空调总能耗的影响分析[J]. 门窗, 2013, (10): 44-6.

[88] 鞠颖, 陈易. 全生命周期理论下的建筑碳排放计算方法研究——基于 1997~2013 年间 CNKI 的国内文献统计分析[J]. 住宅科技, 2014, 34(05): 32-7.

[89] 贡小雷, 张玉坤. 物尽其用——废旧建筑材料利用的低碳发展之路[J]. 天津大学学报 (社会科学版), 2011, 13(02): 138-44.

[90] 贡小雷. 建筑拆解及材料再利用技术研究[D]. 天津: 天津大学, 2010.

[91] Saidi S, Shahbaz M, Akhtar P. The long-run relationships between transport energy consumption, transport infrastructure, and economic growth in MENA countries [J]. Transportation Research Part A, 2018, 111.

[92] 胡艳，朱文霞. 交通基础设施的空间溢出效应——基于东中西部的区域比较[J]. 经济问题探索，2015，(01)：82-8.

[93] 张学毅，王建敏. 基于物质流分析方法的低碳经济指标体系研究[J]. 学习月刊，2010，(12)：109-110.

[94] 李晓燕. 基于模糊层次分析法的省区低碳经济评价探索[J]. 华东经济管理，2010，24(02)：24-28.

[95] 祖加辉. 水泥稳定建筑垃圾的路用性能研究[J]. 山西建筑，2010，36(34)：156-157.

[96] 肖田，孙吉书，靳灿章. 石灰粉煤灰稳定建筑垃圾的路用性能研究[J]. 山西建筑，2010，36(22)：275-276.

[97] 孙瑶. 习近平绿色发展思想理论渊源研究[D]，株州：湖南工业大学，2018.

[98] 李涤尘，贺健康，田小永，等. 增材制造：实现宏微结构一体化制造[J]. 机械工程学报，2013，49(06)：129-35.

[99] Pegna J. Exploratory investigation of solid freeform construction [J]. Automation in Construction，1997，5(5)：427-437.

[100] 王子明，刘玮. 3D打印技术及其在建筑领域的应用[J]. 混凝土世界，2015，(01)：50-7.

[101] Khoshnevis B, Hwang D, Yao K-T, et al. Mega-scale fabrication by Contour Crafting [J]. Int J of Industrial and Systems Engineering，2006，1(3)：301-320.

[102] 王香港，王申，贾鲁涛，等. 3D打印混凝土技术在新冠肺炎防疫方舱中的应用[J]. 混凝土与水泥制品，2020，(04)：1-4，13.

[103] 文俊，蒋友宝，胡佳鑫，等. 3D打印建筑用材料研究、典型应用及趋势展望[J]. 混凝土与水泥制品，2020，(06)：26-9.

[104] 丁瀚文. 建筑结构主体中的绿色建筑材料对周围环境的影响[J]. 中国建材科技，2020，29(02)：17-8.

[105] 李晨凯. 民用建筑节能工程问题分析[J]. 山西建筑，2020，46(11)：153-4.

[106] 张旌. 关于节能建筑的规划和设计研究[J]. 智能城市，2020，6(02)：37-8.

[107] 崔艳琦. 谈低碳建筑领域的教育实践[J]. 山西建筑，2017，43(13)：249-51.

[108] World Economic Forum. Shaping the Future of Construction：Inspiring innovators redefine the industry. Geneva. World Economic Forum. 2017.